Peter Fabian

Atmosphäre und Umwelt

Chemische Prozesse · Menschliche Eingriffe

Ozon-Schicht · Luftverschmutzung · Smog · Saurer Regen

Vierte, erweiterte und aktualisierte Auflage
mit 37 Abbildungen

Springer-Verlag
Berlin Heidelberg New York
London Paris Tokyo
Hong Kong Barcelona Budapest

Professor Dr. Dr. h.c. Peter Fabian

Lehrstuhl für Bioklimatologie und Immissionsforschung
der Universität München
Hohenbachernstraße 22
8050 Freising-Weihenstephan

CIP-Kurztitelaufnahme der Deutschen Bibliothek

Fabian, Peter: Atmosphäre und Umwelt : chemische Prozesse, menschliche Eingriffe ;
Ozon-Schicht, Luftverschmutzung, Smog, saurer Regen / Peter Fabian. – 4., erw. und
aktualisierte Aufl. – Berlin ; Heidelberg ; New York ; London ; Paris ; Tokyo ;
Hong Kong ; Barcelona ; Budapest : Springer, 1992

ISBN-13: 978-3-642-77694-6   e-ISBN-13: 978-3-642-77693-9
DOI: 10.1007/978-3-642-77693-9

Satz: Fotosatz-Service Köhler, Würzburg; Einbandgestaltung: Klaus Lubina, Schöneiche;

51/3020-5 4 3 2 1 0 – Gedruckt auf säurefreiem Papier

Vorwort zur vierten Auflage

Die Menschheit hat von Anbeginn die Umwelt als Müllkippe zum Nulltarif benutzt. Die Luft, der Boden und die Gewässer haben schon immer als Deponie gedient für alles, was man loswerden wollte und mußte; Rauch, Abgase, Hausmüll, Fäkalien, Industrieabfälle und Abwässer. Niemand machte sich Gedanken darüber, was wohl mit den Abfällen unserer Zivilisation in der Umwelt passieren würde, denn die Lufthülle, der Boden, Flüsse und Meere wurden als unendlich große Reservoire mit grenzenloser Aufnahmekapazität betrachtet.

Das ging gut, solange die Erde dünn besiedelt war. Mit dem Anwachsen der Bevölkerung, insbesondere durch die zunehmende Industrialisierung, wurde die Aufnahmekapazität der Umwelt aber zunehmend überfordert: Flüsse, die sauber und fischreich waren, wurden durch das Einleiten von Abwässern zu toten Kloaken. Ölderivate, Chemikalien und Schwermetalle vergifteten den Boden, und Abgase jeglicher Art, hemmungslos in die Atmosphäre abgelassen, führten zu regionalen Umweltbelastungen und Schäden. Zuerst waren es hier die Rauchschäden im Nahbereich der Hüttenreviere oder der gefürchtete Londoner Smog, heute haben wir zunehmend mit dem photochemischen Smog, verbunden mit der Bildung giftiger Photooxidantien wie Ozon, und mit dem sauren Niederschlag zu tun.

Die Umwelt ist eben nicht unendlich groß. Überall, wo der Mensch mehr Schadstoffe in die Umwelt abläßt, als diese über ihre eigenen Kreisläufe verarbeiten und abbauen kann, kommt es zu Problemen. Und weil Umweltprobleme im Grunde „nur" Mengenprobleme sind, wird auch verständlich, warum wir hier nie präventiv handeln: Jede Schadstoffemission fängt mit kleinen Mengen an, die als unschädlich betrachtet werden.

Deshalb werden zunächst auch keine Vorkehrungen für die Verringerung der Schadstoffemission getroffen. Das Problem macht sich erst bemerkbar, wenn die ausgestoßenen Mengen zu groß werden. Dann ist es aber sehr schwierig, im Dschungel der politischen und wirtschaftlichen Interessen eine Lösung zu finden, da diese in aller Regel mit zusätzlichen Kosten verbunden ist. Der „Leidensdruck" muß schon sehr groß werden, bevor die Gesellschaft bereit ist, für Abhilfe zu sorgen. Schwierig wird es, Umweltprobleme zu beseitigen, wenn grenzüberschreitende Schadstoffe im Spiel sind. So sind noch heute in Deutschland viel zu wenige, in anderen EG-Ländern praktisch noch gar keine Fahrzeuge mit geregeltem 3-Wege-Katalysator ausgestattet, obwohl diese Technik, mit der die zur Zeit effizienteste Abgasreinigung möglich ist, seit vielen Jahren eingeführt und erprobt ist. Eine ganz neue Dimension haben globale Umweltprobleme, die sich in den kommenden Jahren wohl zu den wesentlichen Problemen der Menschheit entwickeln werden: Zwei Millionen Tonnen halogenierter Kohlenwasserstoffe, die als Treibgase, Kältemittel, Bläh- und Lösungsmittel alljährlich in die Atmosphäre entweichen, führen zu einer fortschreitenden Ausdünnung der schützenden Ozonschicht. Diesem langsamen Schwund überlagert sich jedes Jahr während der Monate September/Oktober der dramatische Effekt des Ozonloches, indem mehr als die Hälfte des Ozons über der Antarktis beinahe schlagartig vernichtet wird. Auch dieser geht auf das Konto der halogenierten Kohlenwasserstoffe.

Nicht minder schwerwiegend ist das Anwachsen des Kohlendioxidgehaltes unserer Atmosphäre als Folge der Verbrennung fossiler Kohlenstoffvorräte und der großflächigen Brandrodung, insbesondere in den tropischen Waldgebieten. Als Folge des hierdurch verstärkten Treibhauseffektes verändert sich weltweit das Klima. Mit den Folgen hat die gesamte Menschheit fertigzuwerden. Mehr als 90% der halogenierten Kohlenwasserstoffe werden in den Industrieländern auf der Nordhalbkugel emittiert. Als Folge schrumpft die Ozonschicht weltweit, und das Ozonloch klafft über der Antarktis. Mehr als 80% der CO_2-Emission erfolgt in den Ländern der industrialisierten Welt, das Klima ändert sich dagegen in globalem Maßstab.

Deshalb sind tiefgreifende Maßnahmen zur Reduktion der Emission von Schadgasen auf weltweiter Ebene geboten. Der „Klimagipfel" von Rio hat gezeigt, daß in vielen Köpfen das Verständnis hierfür wächst, daß wir aber von wirksamen Maßnahmen noch weit entfernt sind.

Seit dem Erscheinen der 3. Auflage von „Atmosphäre und Umwelt", die wiederum erfreulich schnell ihre Leser gefunden hat, haben sich tiefgreifende Veränderungen vollzogen.

Mit dem Wegfall des Eisernen Vorhangs begann die Bildung neuer politischer Strukturen, die heute noch keineswegs abgeschlossen ist. Gleichzeitig wurden im ehemals sozialistischen Machtbereich schwerste Umweltschäden offenbar, die auf die exzessive Belastung von Luft, Boden und Gewässern mit Schadstoffen aller Art zurückzuführen sind und kostspielige Sanierung erfordern.

Auch auf dem Gebiet der atmosphärischen Umweltchemie gab es viel Neues. So haben wir neben dem antarktischen Ozonloch inzwischen erheblichen Ozonschwund auch über der Arktis, ja sogar in mittleren nördlichen Breiten. Offensichtlich ist die Verschmutzung der Stratosphäre mit Halogenen, freigesetzt aus FCKW-Verbindungen, bereits so weit fortgeschritten, daß sich heterogene Reaktionen an Partikeln und Tröpfchen jedweder Art, an den natürlichen Aerosolen der Sulfatschicht wie auch an vulkanischem Aerosol, wie es der Pinatubo freigesetzt hat, ozonzerstörend auswirken können.

Die Neuauflage bot die Möglichkeit, das Buch wieder auf den aktuellen Stand zu bringen. Aktualisiert und erweitert wurden vor allem die Kapitel zum Flugverkehr, zum Photosmog, zur Problematik des Waldsterbens, zum Ozonabbau in der Stratosphäre und zum Ozonloch. Das Literaturverzeichnis wurde um 35 Arbeiten erweitert und umfaßt jetzt 169 Titel. Daneben konnten einige Druckfehler der 3. Auflage korrigiert werden.

Möge auch die erweiterte und aktualisierte vierte Auflage einen Beitrag zum Verständnis der komplexen Umweltprozesse leisten.

München, im Juli 1992   Peter Fabian

Vorwort zur dritten Auflage

Die erweiterte zweite Auflage wurde innerhalb von nur 2 Jahren verkauft. Die erfreulich große Nachfrage spiegelt die wachsende Bedeutung der Umweltprobleme in der öffentlichen Diskussion.

Die Neuauflage bot die Chance, das Buch auf den neuesten Stand des Wissens zu bringen. So wurde dem Ozonloch über der Antarktis, das in der zweiten Auflage nur in den *Schlußbemerkungen* kurz abgehandelt wurde, nunmehr ein vollständiges neues Kapitel gewidmet. Zur anthropogenen Veränderung der Ozonschicht, zum Treibhauseffekt und den Schlußbemerkungen wurden einige ergänzende Abschnitte hinzugefügt. Sonst wurde das Buch praktisch unverändert gelassen.

Möge auch die vorliegende dritte Auflage dazu beitragen, daß noch mehr Verständnis für die komplexen Zusammenhänge unserer atmosphärischen Umwelt geweckt wird.

München, im September 1989   Peter Fabian

Vorwort zur ersten Auflage

Die Verschmutzung der Umwelt durch den Menschen ist nicht neu. Schon in der Bronzezeit haben schwefelhaltige Abgase gewiß Vegetationsschäden verursacht, denn bei der Verhüttung von Erzen wird Schwefel ausgetrieben. Der wahrscheinlich älteste Bericht hierzu stammt von dem älteren Plinius (23 bis 79 n. Chr.), dessen *Historia naturalis* die Empfehlung des griechischen Geographen *Strabo* enthält, Schmelzöfen für Silber möglichst hoch ins Gelände zu bauen, um den verderblichen Rauch in die Höhe abzuführen.

Waldschäden durch Luftverunreinigungen werden in Deutschland erstmalig gegen Mitte des 19. Jahrhunderts gemeldet: Total zerstörte Wälder an den Metallhütten des Harzes und des Erzgebirges. Mit der Entstehung großer Industr016reviere an Ruhr und Saar, in Oberschlesien und in Mitteldeutschland weiteten sich um die Jahrhundertwende die Immissionsschäden aus. Ausgedehnte Wälder gingen im Nahbereich der Industriebetriebe zugrunde.

Solche Schäden waren verhältnismäßig klar zu übersehen: Wenn nach Inbetriebnahme eines Hüttenwerkes der benachbarte Wald abstirbt, so ist der kausale Zusammenhang in der Regel selbst für den Laien verständlich. Seit etwa 10 Jahren haben wir es aber mit einem neuen Phänomen zu tun, das selbst für den Fachmann schwer zu verstehen ist: Aus fast allen Gebieten Mitteleuropas werden schwere Waldschäden gemeldet. Besonders im Schwarzwald und im Bayerischen Wald, Erholungsgebieten mit „Reinluftbedingungen" also, ist die Existenz der Tannen und Fichten, neuerdings auch der Buchen, bedroht. Die Ursachen für das heutige Waldsterben sind äußerst komplex. Es wirken mehrere Faktoren zusammen, wobei die Luftverschmutzung, insbesondere die Emission von Schwefeldioxid und Stickoxiden, die Hauptursache sein dürfte. Schwefeldioxid wird heute überwiegend bei der Verbrennung von Kohle und Öl freigesetzt; das in den Hüttenwerken anfallende Schwefeldioxid wird schon seit vielen Jahren größtenteils aufgefangen und in Schwefelsäure, einen begehrten Rohstoff der chemischen Industrie, umgewandelt. Stickoxide werden überwiegend aus Kraftfahrzeugen sowie Kraft- und Fernheizkraftwerken ausgestoßen.

Luftverschmutzung ist, wie dieses Beispiel zeigt, nicht nur ein lokales Problem, das auf die eigentlichen Emissionsgebiete beschränkt bleibt. Die Injektion von Schadstoffen kann sich über eine ganze Region, einen Kontinent und sogar global auswirken. Die Luftströmungen verteilen die in die Atmosphäre abgelassenen Substanzen, und durch chemische Reaktionen werden aus ihnen während dieser Zeit neue Stoffe gebildet. Häufig sind weniger die eingebrachten Schadstoffe als vielmehr deren chemische Folgeprodukte schädlich. So stellt das Ablassen der halogenierten Kohlenwasserstoffe CFC-11 und CFC-12, die in Europa immer noch als Treibgase für Sprühdosen im Handel sind, an sich keine Gefahr dar, denn diese Substanzen sind sehr langlebig und damit „umweltfreundlich". Aber gerade auf Grund ihrer Langlebigkeit reichern sich CFC-11 und CFC-12 in den unteren Luftschichten an und diffundieren von dort allmählich in die Höhe, wo unter Einwirkung der Ultraviolett-Strahlung der Sonne Folgeprodukte entstehen, welche nun die Ozon-Schicht angreifen.

Derart komplexe Vorgänge sind für Nichtspezialisten kaum noch zu verstehen. Dies liegt nicht zuletzt daran, daß sich das *junge Gebiet der Luftchemie* erst in den letzten 20 Jahren stürmisch entwickelt hat und ihre Ergebnisse fast nur über die Spezialliteratur zugänglich sind. Mit dem Problem der Umweltverschmutzung sollte aber jeder, der Verantwortung empfindet, vertraut sein. Eine sinnvolle Umweltpolitik kann nicht mit Emotionen, sondern nur mit Sachkenntnis betrieben werden. Es geht ja schließlich nicht darum, unsere Zivilisation abzuschaffen – wir wollen ja elektrischen Strom verbrauchen, Auto fahren, hochwertige Konsumgüter besitzen und mit dem Flugzeug verreisen, und eben damit verschmutzen wir direkt oder indirekt unsere Umwelt! Es geht vielmehr darum, einen tragbaren Kompromiß aller Übel zu erzielen, wobei jeder Einzelne durch Sparsamkeit und Umsicht und die Gesellschaft über geeignete Emissionsvorschriften dazu beitragen sollten, daß sich die Umweltbelastung in akzeptablen Grenzen hält. So sollten sich Kernkraftgegner darüber im Klaren sein, daß der Verzicht auf Kernenergie-Anlagen für absehbare Zeit unter Umständen durch mehr Kohle- und Schweröl-kraftwerke kompensiert werden muß, wodurch der Kohlendioxid-Gehalt der Atmosphäre weiter erhöht wird, – ganz zu schweigen von der Schwefeldioxid-Emission.

In diesem Buch werden die komplexen chemischen Prozesse in unserer Atmosphäre verständlich dargestellt. Breiter Raum wird der Beschreibung der natürlichen Vorgänge eingeräumt, deren Kenntnis für das Verständnis der Störungen durch menschliche Aktivitäten notwendig ist. Aus der Fülle der bekannten Umweltprobleme wurden diejenigen ausgewählt, die zur Zeit am schwerwiegendsten erscheinen.

Der größte Teil dieses Buches entstand während eines Forschungsaufenthaltes an der University of California in Irvine. Der Max-Kade-Foundation, die diesen Aufenthalt finanziell ermöglichte, sei an dieser Stelle gedankt.

Irvine, California, im September 1983   Peter Fabian

Inhaltverzeichnis

Einleitung

Unsere Atmosphäre, das Luftmeer, auf dessen Grunde wir leben, ist ein Gasgemisch, das neben den Hauptbestandteilen Stickstoff und Sauerstoff eine Vielzahl von Spurengasen enthält. Dieses Gasgemisch an sich wäre reaktionsträge und somit von geringem chemischen Interesse, würde es nicht im Wechsel von Tag und Nacht und im Rhythmus der Jahreszeiten von der Sonne bestrahlt. Die Sonnenstrahlung, insbesondere ihr energiereicher Ultraviolettanteil, vermag die meisten Konstituenten des atmosphärischen Gasgemisches in ihre Bestandteile zu spalten. Durch diesen photochemischen Prozeß, den man als „Photolyse" oder „Photodissoziation" bezeichnet, entstehen äußerst reaktive Substanzen, die für uns Erdbewohner wichtige chemische Reaktionsketten auslösen. Lediglich die atmosphärischen Edelgase, Argon, Neon, Helium und Krypton (in der Reihenfolge ihrer Häufigeit) nehmen an diesen Prozessen nicht teil.

Der wohl wichtigste photochemische Prozeß in unserer Atmosphäre ist die Bildung von Ozon (s. Abschnitt 2). Ozon ist die dreiatomige Form des Luftsauerstoffs, O_3. Der normale Sauerstoff besteht aus O_2, zwei miteinander verbundenen Sauerstoff-Atomen. Unter Einwirkung der Ultraviolettstrahlung der Sonne wird ein Teil des Luftsauerstoffs O_2 gespalten, und die gebildeten Sauerstoffatome können sich mit zweiatomigen Sauerstoffmolekülen zum dreiatomigen Ozon verbinden. Die hieraus resultierende atmosphärische Ozonschicht ist für uns in zweifacher Hinsicht von großer Bedeutung. Zum einen schirmt sie die gefährliche Ultraviolettstrahlung der Sonne ab, welche ohne diesen Filter alles Leben auf dem Festland auslöschen würde. Zum anderen bewirkt die Energie dieser in der Höhe absorbierten Strahlung dort eine beachtliche Erwärmung, sie hat damit Einfluß auf die allgemeine Luftzirkulation.

Die Erd-Atmosphäre ist das Produkt einer langen Entwicklungsgeschichte.Sie entstand, wie in Kapitel 1 gezeigt wird, durch Ausgasen des flüssigen Planetenkörpers. Nun befindet sich die Erde, im Gegensatz zu den anderen Planeten des Sonnensystems, in jenem Abstand von der Sonne, bei dem Wasser in flüssiger Form bestehen kann. Für viele der aus dem Erdinnern ausgegasten Substanzen erwiesen sich die irdischen Ozeane als ein ideales Lösungsmittel. Kohlendioxid und Schwefelverbindungen wurden größtenteils auf dem Meeresgrund, in den Sedimenten gebunden, abgelagert. Das flüssige Wasser war die Voraussetzung dafür, daß sich Leben auf unserem Planeten entwickeln konnte. Es gilt als gesichert, daß der freie Sauerstoff in unserer heutigen Atmosphäre, der immerhin einen Volumenanteil von fast 21 Prozent ausmacht, im Laufe der Erdgeschichte als Nebenprodukt bei der Photosynthese von irdischer Biomasse entstanden ist, somit eine direkte Folge des Lebens darstellt.

Aber nicht nur der atmosphärische Sauerstoff ist ein Produkt biologischer Aktivität. Mikroorganismen im Erdboden und im Meer produzieren durch ihren Stoffwechsel ungeheure Mengen gasförmiger Substanzen, die an die Atmosphäre abgegeben werden. So bilden Bodenbakterien Distickstoffoxid (N_2O), ein äußerst reaktionsträges Gas, das sich in den unteren Atmosphärenschichten wie ein Edelgas verhält und praktisch inert ist. Durch Mischungsprozesse wird N_2O aber ständig in höhere Atmosphärenschichten transportiert, wo die solare Ultraviolettstrahlung weniger durch das Ozon geschwächt ist. Dort wird es abgebaut, wobei Stickoxid (NO) entsteht, eine äußerst aggressive Substanz, welche in katalytischen Reaktionszyklen eine Reduktion der Ozon-Konzentration bewirkt (s. Abschnitt 2). Gase wie N_2O bezeichnet man als „Quellgase": reaktionsträge in der unteren Atmosphäre, bilden sie die Quelle für reaktive Substanzen in der höheren Atmosphäre. Weitere Quellgase, über welche die Biosphäre auf die Ozonschicht einwirkt, sind Methan (CH_4), Wasserstoff (H_2), Kohlenmonoxid (CO) und Methylchlorid (CH_3Cl).

Quellgase werden, wie in Kapitel 4 erläutert wird, auch durch menschliche Aktivitäten in die Atmosphäre abgelassen (anthropogene Emissionen). So werden bei Verbrennungsprozessen, insbesondere durch Automobile, große Mengen Kohlenmonoxid, die mit der natürlichen Produktionsrate vergleichbar sind, freigesetzt. Die modernen Agrartechniken, verbunden mit hohen Applikationsraten industriell produzierten Stickstoffdüngers, haben zur Folge, daß die atmosphärische N_2O-Konzentration weltweit wächst. Neben solchen Quellgasen, die auch natürlich vorkommen, werden durch menschliche Aktivitäten aber auch große Mengen Quellgase an die Atmosphäre abgegeben, die nie zu ihren natürlichen Bestandteilen gehört haben. Genannt seien hier vor allem die halogenierten Kohlenwasserstoffe wie Trichlorfluormethan (CCl_3F oder CFC-11) und Dichlordifluormethan (CCl_2F_2 oder CFC-12), die als Treibgas in Sprühdosen, in Kältemaschinen und bei industriellen Schäumungsprozessen verbraucht werden, ferner das Kühlmittel Difluorchlormethan ($CHClF_2$ oder CFC-22) und die Lösungsmittel Tetrachlorkohlenstoff (CCl_4) und Methylchloroform (CH_3CCl_3). Über die anthropogene Emission dieser Quellgase kann der Mensch in die photochemischen Prozesse der höheren Atmosphäre eingreifen und damit die Ozonschicht verändern.

Ohne effektive *Reinigungsmechanismen* würden sich die Substanzen, die auf natürlichem Wege und durch menschliche Aktivitäten in die Atmosphäre gelangen, dort anreichern. Der wichtigste Reinigungsmechanismus unserer Atmosphäre ist das Wettergeschehen, in Verbindung mit dem Wasserkreislauf aus Verdunstung, Wolkenbildung und Niederschlag. Partikel und wasserlösliche Gase haben in der unteren Atmosphäre deshalb nur eine kurze Lebensdauer. Sie werden im Mittel innerhalb weniger Tage bis Wochen mit den Niederschlägen ausgewaschen und damit aus der Atmosphäre entfernt. Ein Beispiel hierfür ist der „saure Regen": Schwefelsäure, die aus Schwefeldioxid gebildet wird, das bei der Verbrennung von Kohle und Erdöl entsteht (s. Abschnitt 4.2). Auch die mit den Quellgasen in die Atmosphäre injizierten Substanzen werden, nachdem deren Abbauprodukte in den höheren Atmosphärenschichten eine Kette von photochemischen Reaktionen durchlaufen haben, schließlich als wasserlösliche Endprodukte mit dem Niederschlag ausgewaschen.

Die Atmosphäre ist also kein in sich abgeschlossenes System, sondern Teil eines gekoppelten Systems, welches neben der Lufthülle auch die Erdkruste, die Ozeane und das Festland mit der Biosphäre umfaßt. Die Stoffverteilung in diesem System wird durch biologische und geologische Kreisläufe bestimmt, welche nach sehr unterschiedlichen Zeitskalen ablaufen. Die Zeitskalen der biologischen Kreisläufe reichen von einigen Monaten bis zu einigen hundert Jahren. Diese Zyklen können daher auch durch menschliche Akivitäten über vergleichbare Zeiträume beeinflußt werden. Die Zeitskalen der geologischen Kreisläufe, welche die Sedimentbildung, Verwitterung und Rezirkulation in die Atmosphäre umfassen, betragen Jahrmillionen und mehr. Solche Kreisläufe sind sicher nicht innerhalb geschichtlicher Zeiträume wesentlich zu beeinflussen. Der Mensch greift aber direkt in diese Kreisläufe ein, indem er Kohle-, Erdöl- und Erdgasvorräte, zu deren Bildung viele Millionen Jahre erforderlich waren, innerhalb weniger Jahrzehnte verbrennt. Auf diesen Aspekt wird in Kapitel 4 näher eingegangen.

Mit diesem Buch wird versucht, die komplexen chemischen und photochemischen Prozesse, die in unserer Atmosphäre ablaufen, in einer auch für den Nichtfachmann verständlichen Form darzustellen. Auf die biologischen Aspekte soll nur insoweit eingegangen werden, als dies für das Verständnis notwendig ist. Dies trifft besonders für das erste Kapitel zu, welches die Evolution der Atmosphäre beschreibt. Die weitere Gliederung orientiert sich an den physikalischen Gegebenheiten, die in Abb. 1 dargestellt sind.

Die spektrale *Energieverteilung der Sonnenstrahlung* außerhalb der Erdatmosphäre, dargestellt im oberen Teilbild, umfaßt den Wellenlängenbereich bis etwa 3,5 µm (1 µm $= 10^{-6}$ m $= 1$ millionstel m) oder 3500 nm

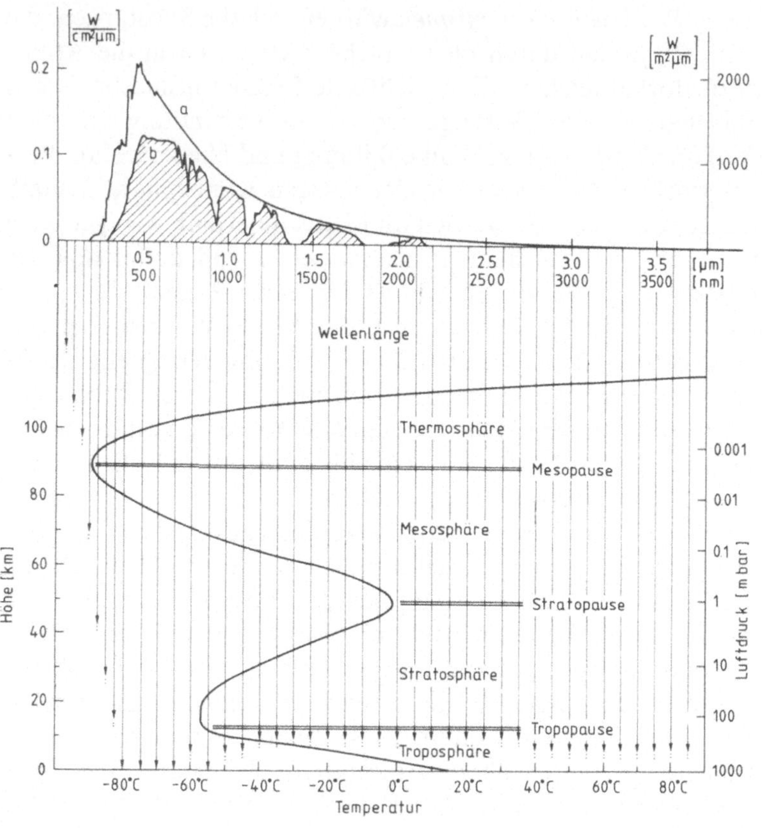

Abb. 1. Spektrale Verteilung der Sonnenstrahlung (oberes Teilbild) *a* außerhalb der Erdatmosphäre, *b* am Erdboden. Temperaturverteilung und Stockwerkeinteilung der Atmosphäre (unteres Teilbild). Die warme Schicht mit einem Temperaturmaximum im Stratopausenniveau ist eine Folge der Strahlungsabsorption durch Ozon. Die senkrechten Pfeile deuten schematisch an, wie tief Sonnenstrahlung der betreffenden Wellenlängen in die Atmosphäre eindringt

$(1\ \text{nm} = 10^{-9}\ \text{m} = 1$ milliardstel m). Den höchsten Energiefluß erhalten wir um 500 nm im sichtbaren Spektralbereich, der von etwa 400 nm (violett) bis 750 nm (rot) reicht. Die gesamte harte Ultraviolettstrahlung bis etwa 175 nm Wellenlänge wird oberhalb der Mesopause, die in etwa 90 km Höhe liegt, absorbiert, was zu Ionisierung der atmosphärischen Bestandteile und zur Aufheizung der Hochatmosphäre führt. Oberhalb der Mesopause steigt die Temperatur bis auf etwa 1700 °C in 500 km Höhe an. Diese obere Region der Atmosphäre, die Ionosphäre oder Thermosphäre genannt wird, ist nicht Gegenstand dieses Buches.

Die UV-Strahlung mit Wellenlängen zwischen 175 und 200 nm wird vollständig in der Mesosphäre (etwa 50−90 km Höhe), diejenige zwischen

200 und 242 nm in der Stratosphäre (etwa 15–50 km Höhe) durch Sauerstoff-Moleküle absorbiert, die hierdurch dissoziiert werden. Daraus resultiert, wie wir bereits sahen, die Ozonschicht, die nun ihrerseits UV-Strahlung zwischen 200 und 340 nm sowie geringfügig auch im sichtbaren Spektralbereich um 600 nm absorbiert. Die Folge ist eine Aufheizung der Stratosphäre und Mesosphäre; die Stratopause in etwa 50 km Höhe markiert das Temperaturmaximum, das ungefähr im Bereich der Temperaturen der Erdoberfläche liegt. Eine derart ausgeprägte warme Schicht ist einmalig in unserem Planetensystem. Sie bestätigt, daß nur die Erde einen nennenswerten Sauerstoff- und damit Ozonanteil der Atmosphäre besitzt.

Das *unterste Stockwerk der Atmosphäre*, die Troposphäre und die Erdoberfläche selbst, erhalten von der Sonne nur Strahlung im Wellenlängenbereich oberhalb 290 nm, wobei der UV-Anteil zwischen 290 und 340 nm auf Grund der Absorption in der Stratosphäre geschwächt ist. Der längerwellige Spektralbereich oberhalb 800 nm wird größtenteils durch Wasserdampf und Kohlendioxid in der Troposphäre absorbiert. Der überwiegende Anteil der einfallenden Sonnenstrahlung zwischen 400 und 800 nm dringt bis zur Erdoberfläche durch. Diese wird dadurch erwärmt und gibt, gleichsam wie eine erhitzte Herdplatte, die Wärme an die Atmosphäre ab. Dies ist der Grund für die Temperaturabnahme mit zunehmender Höhe bis zur Tropopause, die in den Tropen, wo die solaren Energieflüsse am größten sind, im Mittel bei etwa 18 km, in mittleren Breiten zwischen 10 und 15 km und in der Polarregion in nur etwa 8 km Höhe liegt. Ein erheblicher Teil der an der Erdoberfläche freigesetzten Sonnenenergie wird zur Verdunstung von Wasser verbraucht, damit als latente Wärme im Wasserdampf gespeichert und bei der Wolkenbildung wieder freigesetzt. Dieser Transport latenter Wärme ist neben dem direkten Energietransport einer der Motoren, die das Wettergeschehen in der Troposphäre in Gang halten.

Die Stratosphäre und Mesosphäre zusammen werden auch als „*mittlere Atmosphäre*" bezeichnet (zur Zeit läuft ein koordiniertes internationales Forschungsprogramm zur intensiven Erforschung der mittleren Atmosphäre, das „Middle Atmosphere Program" oder MAP). Die mittlere Atmosphäre ist der solaren UV-Strahlung zwischen 175 und 290 nm ausgesetzt, durch welche die meisten der in der Troposphäre stabilen Bestandteile wie Sauerstoff und die Quellgase photolysiert werden. Zum anderen ist die mittlere Atmosphäre extrem „trocken". Während andere gasförmige Bestandteile wie Kohlendioxid oder die Quellgase ungehindert von der Troposphäre in die Stratosphäre transportiert werden, wirkt die niedrige Tropopausentemperatur, die bis zu − 80 °C betragen kann, für den Wasserdampf wie eine Kühlfalle, die nur geringe Wasserdampfmengen passieren läßt. Es werden zwar auch, wie in Abschnitt 2.4 erläutert wird, geringe Mengen Wasser photochemisch in der mittleren Atmosphäre gebildet, aber ein Wettergeschehen mit Wolkenbildung und Ausregnen wie in der Troposphäre existiert in diesem Höhenbereich nicht. Umgekehrt ist die Troposphäre vor der aktiven UV-Strahlung mit Wellenlängen unterhalb 290 nm geschützt. Das Wettergeschehen mit intensiver vertikaler Durchmischung und Ausregnen, durch das Partikel und wasserlösliche Substanzen ausgewaschen werden, sorgt hier für eine regelmäßige Reinigung.

Es liegt daher nahe, die mittlere Atmosphäre und die Troposphäre gesondert zu behandeln. In Abschnitt 2 werden die Ozonschicht und die natürlichen photochemischen Prozesse in der mittleren Atmosphäre dargestellt. Dabei steht die Stratosphäre im Vordergrund der Diskussion, weil wir über diesen Höhenbereich, der weitgehend mit Ballonsonden erschlossen werden kann, wesentlich mehr wissen als über die Mesosphäre, die zur direkten Messung Raketen erfordert. In Kapitel 3 wird ein Abriß über die natürlichen photochemischen Vorgänge in der Troposphäre gegeben. In diesem untersten Stockwerk beginnen die Quellgase ihren Kreislauf durch die Atmosphäre, und hier werden ihre Endprodukte schließlich im Niederschlag ausgewaschen.

Im vierten Abschnitt werden einige Mechanismen erläutert, über die der Mensch in die natürlichen Kreisläufe eingreifen und Veränderungen der natürlichen Gleichgewichte verursachen kann. Dabei handelt es sich sowohl um troposphärische Effekte von lokaler und regionaler Bedeutung wie die *Smog-Bildung* in Ballungszentren oder den *Sauren Regen* als auch um stratosphärische Effekte von globaler Bedeutung, ausgelöst durch den Flugverkehr, durch Kernwaffen, den wachsenden Einsatz stickstoff-haltiger Düngemittel sowie halogenierter Kohlenwasserstoffe. Die Verbrennung von Kohle, Erdöl und Erdgas führt zu klimatischen Veränderungen, die global sowohl für die Troposphäre wie für die Stratosphäre von Bedeutung sein dürften.

1 Die Evolution der Erdatmosphäre

1.1 Vom solaren Nebel zur Ur-Atmosphäre

Die Atmosphäre unseres Planeten Erde ist das Produkt einer langen Entwicklungsgeschichte. In ihrer heutigen Zusammensetzung ist die irdische Lufthülle grundverschieden von derjenigen des solaren Urnebels, aus dem unser Sonnensystem entstanden ist. Geochemische Prozesse und, seit es Leben auf unserem Planeten gibt, vor allem biochemische Prozesse haben bei dieser Evolution eine entscheidende Rolle gespielt und unsere Atmosphäre zu dem ganz besonderen und im Planetensystem einmaligen Medium gemacht, ohne das unsere Existenz undenkbar wäre.

Die Erdatmosphäre besteht aus Stickstoff (N_2), Sauerstoff (O_2), Argon (es handelt sich überwiegend um das Argon-Isotop Ar-40, das durch radioaktiven Zerfall von Kalium-40 im Erdmantel entstanden ist) und Kohlendioxid (CO_2), deren relative Volumenanteile 78,09 %, 20,95 %, 0,93 % bzw. 0,03 % betragen. Daneben existiert eine Vielzahl von Spurengasen, welche nur in ganz geringen Konzentrationen in der Luft enthalten sind, und von denen die häufigsten in Tabelle 1 aufgeführt sind. Trotz ihrer verschwindend geringen Konzentration haben viele dieser Spurenbestandteile aber entscheidenden Einfluß auf die chemischen Prozesse, die in der Lufthülle unseres Planeten ablaufen und die Gegenstand dieses Buches sind.

Der Urnebel, aus dem sich die Sonne, die Planeten, Planetoiden und Monde gebildet haben, hatte vermutlich eine chemische Zusammensetzung, die derjenigen der gegenwärtigen Sonne und vieler Sterne entspricht (Tabelle 2). Am häufigsten kommen die leichtesten Elemente Wasserstoff (H) und Helium (He) vor, die zusammen bereits mehr als 99 % der Urmaterie ausmachen, während sich alle übrigen chemischen Elemente in weniger als 1 Prozent teilen. Die Elementhäufigkeit nimmt mit wachsender Massenzahl (bzw. Ordnungszahl) rasch ab.

Im Erdkörper überwiegen, wie Tabelle 2 veranschaulicht, neben Sauerstoff (O) die Elemente Eisen (Fe), Silicium (Si) und Magnesium (Mg), die in der Urmaterie nur in Spuren vorhanden sind, während die leichten Elemente Wasserstoff und Helium, welche zusammen immerhin über 99 %

Tabelle 1. Struktur und Zusammensetzung einiger Planetenatmosphären

	Venus	Erde	Mars	Jupiter
Mittlerer Abstand von der Sonne (in Millionen km)	108	150	228	778
Mittlerer Radius (in km)	6049	6371	3390	69 500
Mittlere Dichte der Planeten (in g/cm^3)	5,23	5,52	3,96	1,33
Mittlere Oberflächentemperatur (in °C)	462	14	-50	-130
Druck an der Oberfläche (in bar)	90	1	0,007	0,1
Hauptbestandteile (relativer Volumenanteil)	CO_2(95–97%) N_2(3,5–4,5%) H_2O(0,06–0,14%)	N_2(78,09%) O_2(20,95%) Ar(0,93%) CO_2(0,03%)	CO_2(95%) N_2(3%) Ar(1,5%)	H_2(88%) He(11%)
Spurenbestandteile (in der Reihenfolge ihrer Häufigkeit)	SO_2 Ar CO Ne	H_2O Ne He Kr CH_4 H_2 N_2O	O_2 CO H_2O Ne Kr Xe	NH_3 CH_4 H_2O H_2S C_2H_2 C_2H_6

der Sonne ausmachen, überhaupt nicht in nennenswerten Mengen in unserem Planeten vorkommen. Gegenüber dem solaren Nebel sind die schweren Elemente im Erdkörper also beträchtlich angereichert, die leichten Elemente hingegen abgereichert. Wie kommt es, daß die Erde, die sich ja aus der gleichen kosmischen Wolke gebildet hat wie die Sonne, eine derart andere Zusammensetzung hat? Um diese Frage, die auch für die Entstehung und Entwicklung der Erdatmosphäre von entscheidender Bedeutung ist, zu beantworten, müssen wir uns zunächst mit der Entstehung des Sonnensystems vertraut machen.

Nach heutiger Vorstellung (vgl. z. B. [1–6]) ist unser *Sonnensystem* etwa 4,6 Milliarden Jahre alt. Es entstand, als der solare Nebel, eine riesige Wolke aus kosmischem Gas, Staub und Eis unter Einfluß seines eigenen Schwerefeldes zusammenbrach. Durch die Kompression stieg die Temperatur der Wolke, die vor diesem Kollaps nur wenig über dem absoluten Nullpunkt gelegen haben dürfte, auf mehrere tausend Grad an, was zur Verdampfung der meisten Bestandteile führte. Feste Fragmente, die der Erwärmung widerstanden, sammelten sich in einer Ebene um den Schwer-

Tabelle 2. Relative Häufigkeit der Elemente im Kosmos und im Erdkörper. (Nach Palme, Suess und Zeh [7])

Element	Ordnungs-zahl	Relative Häufigkeit im Kosmos [%]	Geschätzte relative Häufigkeit im Erdkörper [%]
Wasserstoff (H)	1	92,48	< 0,1
Helium (He)	2	7,399	
Sauerstoff (O)	8	0,00629	29,5
Kohlenstoff (C)	6	0,0292	
Stickstoff (N)	7	0,00777	
Neon (Ne)	10	0,00518	
Magnesium (Mg)	12	0,00374	11,2
Silicium (Si)	14	0,00370	14,7
Eisen (Fe)	26	0,00318	37,4
Schwefel (S)	16	0,00178	
Argon (Ar)	18	0,00081	
Aluminium (Al)	13	0,00030	1,3
Calcium (Ca)	20	0,00022	1,4
Natrium (Na)	11	0,00021	0,6
Nickel (Ni)	28	0,00018	3,0
Chrom (Cr)	24	0,00005	0,3
Phosphor (P)	15	0,00003	0,1
Mangan (Mn)	25	0,00003	0,2

punkt der Wolke, der heutigen Ekliptik, wo sie allmählich zu größeren Körpern, den Protoplaneten, zusammenwuchsen. Gleichzeitig kühlte sich die Gashülle durch Ausstrahlung ab, wodurch ihre Bestandteile in der Reihenfolge ihrer Siedetemperaturen kondensierten und so zum Wachstum der *festen Körper* beitrugen. Nahe dem Zentrum der Wolke konnten aber nur die schwerflüchtigen Stoffe kondensieren, während sich mit abnehmender Temperatur weiter außen auch Substanzen mit geringeren Siedetemperaturen niederschlagen konnten. Dies ist der Grund dafür, daß bei den inneren Planeten Venus, Erde oder Mars die leichten (und leichtflüchtigen) Elemente Wasserstoff, Helium, Kohlenstoff, Stickstoff drastisch abgereichert, die schwereren und schwerer flüchtigen Elemente dagegen angereichert wurden. Auch die Edelgase Neon, Argon, Krypton und Xenon sind bei den inneren Planeten erheblich abgereichert, da sie keine schwerflüchtigen Verbindungen mit anderen Elementen bilden konnten. (Gemeint ist das Element Argon mit der Massenzahl 39. Der Umstand, daß die Erdatmosphäre relativ viel Argon enthält, beruht darauf, daß es sich dabei um das Argon-Isotop mit der Massenzahl 40 handelt, das durch radioaktiven Zerfall von Kalium-40 im Erdmantel im Lauf der Erdgeschichte gebildet wurde). Im Gegensatz dazu wurde der leichte Sauerstoff dank seiner Fähigkeit, mit den Elementen Silicium, Eisen, Aluminium und Calcium schwerflüchtige Verbindungen einzugehen, im Erdkörper angereichert.

Man kann sich vorstellen, daß, solange kondensierbare Materie im Nebel vorhanden war, die Masse der Protoplaneten rapide wuchs. Unter dem Einfluß der sich verstärkenden Massenanziehung verschmolzen kleinere Körper mit ihren größeren Nachbarn. Durch diesen Prozeß müssen so große Energiemengen freigesetzt worden sein, daß die gerade entwickelten Planetenkörper schmolzen.

Inzwischen war im Zentralkörper des Systems, der Sonne, genügend Masse akkumuliert, so daß diese durch Zünden thermonuklearer Prozesse zum Stern wurde. Als Folge dieser Entwicklung dürften zeitweise starke Sonnenwinde aufgetreten sein, von der Sonne abfließende Materieströme ungeheuren Ausmaßes, wie sie auch bei den T-Tauri-Sternen vermutet werden, welche die letzten Gasreste des solaren Urnebels in die auswärts gelegenen Bereiche des Sonnensystems oder in den interstellaren Raum abdriften ließen. Am Ende dieser ersten Phase, der Bildung der Planeten aus dem solaren Nebel, die eine nach geologischen Maßstäben kurze Zeitspanne von nur einigen zehnmillionen Jahren umfaßte, war die Erde ein feurig-flüssiger Körper ohne nennenswerte Gashülle.

Die erste Atmosphäre, die auch als *Uratmosphäre oder Primordialatmosphäre* bezeichnet wird, bildete sich durch Ausgasen des flüssigen Planeten. Flüchtige Substanzen, eingeschlossen in die festen Fragmente, aus denen die Erde zusammengewachsen war, wurden durch die Hitze ausgetrieben. Diese Gase müssen, da der Sauerstoff fest gebunden war, weitgehend reduziert gewesen sein, so daß die Primordialatmosphäre wahrscheinlich überwiegend aus Methan (CH_4) mit Beimengungen von Ammoniak (NH_3), Wasserstoff (H_2) und Wasserdampf (H_2O) bestand.

Der feurig-flüssige Erdkörper bewirkte aber nicht nur durch Ausgasen die Bildung der Uratmosphäre, er setzte auch einen gigantischen Hochofenprozeß in Gang, als dessen Folge der größte Teil der Eisen- und Nickeloxide zu Metall reduziert wurde. Aus der Schmelze schied sich *der schwere Erdkern* aus Eisen und Nickel, dessen Durchmesser etwa halb so groß wie der Erddurchmesser ist, von dem Erdmantel, der überwiegend aus leichteren Silicium-Verbindungen besteht. Als Folge dieses Reduktionsprozesses im Kern muß die Oxidationsstufe der Materialien außerhalb des Kerns, also in dem sich verfestigenden Erdmantel, der *Asthenosphäre*, und der dünnen Erdkruste, auch als *Lithosphäre* bezeichnet, und damit auch die der ausgasenden Substanzen entsprechend erhöht worden sein. Methan, Ammoniak und Wasserstoff wurden allmählich ersetzt durch eine Atmosphäre, in der Kohlendioxid (CO_2), Stickstoff (N_2) und Wasserdampf (H_2O) überwogen. Die genaue Zusammensetzung dieser frühen Atmosphäre, etwa 1 Milliarde Jahre nach Entstehung des Sonnensystems, also vor etwa 3,5 Milliarden Jahren, ist nicht bekannt. Freier Sauerstoff war jedoch sicherlich nicht zu dieser Zeit vorhanden.

Nimmt man an, daß sich die älteste Erdatmosphäre aus Entgasungsprodukten vom *Typ vulkanischer Exhalationen* aufgebaut hat, dann würde die Gaszusammensetzung heute noch tätiger Vulkane erste Anhaltspunkte für die stoffliche Zusammensetzung dieser Primordialatmosphäre liefern. Hauptbestandteile der alten Atmosphäre dürften demnach Wasserdampf (ca. 80%), CO_2 (ca. 10%) sowie Schwefelverbindungen (primär wohl Schwefelwasserstoff H_2S mit 5 bis 7%) gewesen sein. Die Anteile von Stickstoff (N_2), Wasserstoff (H_2) und Kohlenmonoxid (CO) wären mit etwa 0,5% anzusetzen, während Methan (CH_4) und Ammoniak (NH_3) nur in geringen Mengen vorhanden gewesen sein können. Freier Sauerstoff tritt praktisch niemals als Bestandteil vulkanischer Gase aus und kann somit auch in der Uratmosphäre nicht vorhanden gewesen sein.

Die Primordialatmosphäre war also nicht oxidierend sondern reduzierend wie heute noch die Atmosphären der anderen Planeten. Dieser Umstand erscheint zunächst eigenartig, da Sauerstoff zu den häufigsten irdischen Elementen gehört (s. Tabelle 2) und mit mehr als 90 Volumenprozent (entsprechend etwa 46 Gew.-%) am Aufbau der Lithosphäre beteiligt ist. Dort ist aber die Bindung des Sauerstoffs an Silicium so fest, daß das Aufbrechen dieser Silicat-Strukturen bei den vorherrschenden Temperaturen nicht möglich ist. Auch zeigt das Überwiegen von zweiwertigem (Ferro-)Eisen in den gängigen magmatischen Gesteinen, daß das Angebot an Sauerstoff in den ursprünglichen Silicat-Schmelzen nicht ausgereicht hat, um alles Eisen in die dreiwertige (Ferri-)Stufe zu überführen. Auf Grund dieses Sauerstoff-Defizits waren die Magmen also niemals in der Lage, freien Sauerstoff auszugasen. Dementsprechend stehen magmatische Bildungen mit der heutigen sauerstoff-haltigen Atmosphäre nicht im Gleichgewicht: Sobald diese Gesteine mit dem Luftsauerstoff in Berührung kommen, wird das zweiwertige Eisen zu dreiwertigem Eisen oxidiert, ein Vorgang, der als Oxidations-„Verwitterung" bezeichnet wird.

1.2. Evolution des atmosphärischen Sauerstoffs

Die Evolution des freien Sauerstoffs in der Erdatmosphäre ist eines der spannendsten Kapitel der Geochemie. Da sich die Herkunft des atmosphärischen Sauerstoffs aus dem Material von Erdkruste und Erdmantel ausschließen läßt, kommen als Quelle nur nichtgeologische Prozesse in

Betracht, bei denen der Sauerstoff nachträglich aus oxidischen Gasen wie Wasserdampf und Kohlendioxid freigesetzt wurde. Als Energiequelle für derartige Prozesse kommt im wesentlichen nur das Sonnenlicht in Frage, weshalb man von photochemischen Prozessen spricht.

Die naheliegenden photochemischen Reaktionen sind die Photodissoziation von Wasserdampf und Kohlendioxid durch kurzwellige UV-Strahlung (Wellenlänge geringer als etwa 200 nm), welche wegen des Fehlens von Sauerstoff tief in die primordiale Atmosphäre eindringen konnte:

(a) $2CO_2 + UV\text{-Strahlung} \rightarrow 2CO + O_2$,

(b) $2H_2O + UV\text{-Strahlung} \rightarrow 2H_2 + O_2$.

Es zeigt sich aber, daß durch diese Reaktionen nur ein geringer Teil des heute vorhandenen Luftsauerstoffs entstanden sein kann:

Bei der Reaktion (a) werden aus 2 Molekülen Kohlendioxid neben einem Molekül Sauerstoff 2 Moleküle Kohlenmonoxid (CO) freigesetzt. CO ist zu schwer, als daß es in nennenswerten Mengen aus dem Schwerefeld der Erde entwichen sein könnte. Wäre aber der heutige Sauerstoff-Anteil von fast 21 % aus Reaktion (a) entstanden, müßte ein äquivalenter CO-Anteil vorhanden sein; CO tritt aber nur als Spurengas mit einem Anteil von weniger als einem Millionstel auf (s. Abschnitt 3.3).

Bei Reaktion (b) wird neben Sauerstoff molekularer Wasserstoff (H_2) gebildet, der als leichtes Gas im Gegensatz zu CO durchaus in den Weltraum entwichen sein kann. Urey [8] sowie Berkner und Marshall [9] konnten aber zeigen, daß keine der beiden Reaktionen (a) und (b) imstande waren, eine nennenswerte Sauerstoff-Atmosphäre aufzubauen, da der gebildete Sauerstoff selbst die kurzwellige UV-Strahlung absorbiert, die zu seiner Erzeugung nach (a) oder (b) benötigt wird. Nach Urey [8] liegt das Gleichgewicht dieses sich selbst limitierenden Prozesses bei nur einem tausendstel des heutigen Sauerstoff-Niveaus in der Erdatmosphäre, dem sogenannten Urey-Pegel, nach einer neueren Abschätzung von Walker [5] sogar noch niedriger. Durch die photochemischen Reaktionen (a) und (b) kann also höchstens ein tausendstel (10^{-3}) des heutigen Sauerstoff-Niveaus (P.A.L. = present atmospheric level) entstanden sein. Wahrscheinlich wurde zudem dieser geringe Sauerstoff-Anteil, zumindest in den unteren Atmosphärenschichten, durch Reaktionen mit den reduzierten Oberflächengesteinen laufend aufgebraucht.

Wir wissen heute mit ziemlicher Sicherheit, daß fast der gesamte Sauerstoff, der im Laufe der Erdgeschichte freigesetzt wurde, ein Nebenprodukt der *Photosynthese von irdischer Biomasse* ist. Der freie Sauerstoff in der Atmosphäre ist demnach eine Folge des Lebens auf der Erde, und dieses wiederum verdankt seine Entstehung ganz offensichtlich dem

Umstand, daß auf der Erde flüssiges Wasser existiert. Die Erde umkreist, im Gegensatz zu den anderen Planeten, die Sonne gerade in dem „richtigen" Abstand, bei dem Wasser in flüssiger Form bestehen kann. Der Großteil des bei der Bildung der Primordial-Atmosphäre ausgegasten Wasserdampfes kondensierte und sammelte sich in den irdischen Ozeanen. Diese wiederum bildeten ein ideales Lösungsmittel für Kohlendioxid und die Schwefelverbindungen. Nahezu das gesamte im Laufe des Ausgasens freigesetzte CO_2 wurde durch chemische Prozesse im Ozean in Calcium- und Magnesiumcarbonat umgewandelt und in Form von Sedimenten abgelagert.

Auf der Venus, deren Abstand von der Sonne etwa 30 % geringer ist, fällt pro Flächeneinheit etwa doppelt soviel Sonnenenergie ein wie auf der Erde. Selbst bei genügender Ausgasung von Wasserdampf hätten sich auf der Venus keine Ozeane und damit auch keine Carbonate bilden können. Somit konnte sich alles entgaste CO_2 in der Atmosphäre anreichern und eine CO_2-Atmosphäre von fast 90 bar Gesamtdruck aufbauen (s. Tabelle 1).

Wie in Abschnitt 4.7 ausgeführt wird, führt eine CO_2-Atmosphäre vermöge ihrer Eigenschaft, Sonnenstrahlung nahezu ungehindert durchzulassen, Infrarotstrahlung hingegen teilweise zu absorbieren und zurückzustrahlen, zu einer Temperaturerhöhung an der Planetenoberfläche. Dieser Effekt, den man auch als *Treibhauseffekt* bezeichnet, führt für die dichte CO_2-Atmosphäre der Venus zu Oberflächentemperaturen von etwa 470 °C. Auf der Erde, wo der Großteil des ausgegasten CO_2 die Atmosphäre nur passiert hat und anschließend in den Sedimenten begraben wurde, führt ein nur mäßiger Treibhauseffekt zu mittleren Oberflächentemperaturen um 15 °C. Würde man aber allen in den irdischen Sedimenten gespeicherten Kohlenstoff als CO_2 an die Atmosphäre zurückgeben, würden sich ähnlich unwirtliche Verhältnisse wie auf der Venus entwickeln.

Für die *Entstehung des Lebens* auf der Erde waren die Ozeane auch noch in anderer Hinsicht von entscheidender Bedeutung. Neben ihrer Eigenschaft, atmosphärisches CO_2 zu lösen und damit ein Anwachsen des Treibhauseffektes zu verhindern, wirkten sie auf Grund ihrer Wärmekapazität stabilisierend auf das irdische Klima. Vor allem aber bot nur das Wasser das Medium, in dem sich die ersten Organismen entwickeln konnten. Denn solange die Atmosphäre praktisch keinen Sauerstoff und daher auch kein Ozon (s. Abschnitt 2) enthielt, konnte UV-Strahlung der Sonne von 200 bis 290 nm Wellenlänge, welche Eiweiß und Nukleinsäuren, die wichtigsten Bestandteile der lebenden Substanz, zersetzt, nahezu ungehindert bis zur Erdoberfläche dringen. Es soll hier nicht auf die Entstehung des Lebens eingegangen werden. (Der Leser findet Übersichtsartikel unter Ref. [10–14].) Es gilt aber als gesichert, daß sich die ersten Organismen unter einer wenigstens etliche 10 m dicken Wasserschicht, welche etwa einen der heutigen Atmosphäre äquivalenten UV-Filter darstellt, entwickelt haben.

Miller und danach eine Reihe anderer Forscher [14] haben gezeigt, daß sich unter Bedingungen, wie sie in der primordialen Atmosphäre geherrscht haben dürften, durch nichtbiologische Prozesse alle einfachen Bausteine der organischen Substanz gebildet haben können. Diese Stoffe haben sich im Wasser gelöst, miteinander reagiert und dadurch Makromoleküle gebildet, deren Anreicherung schließlich zu dem Medium führte, das man als „Ursuppe" bezeichnet. Wir wissen heute, daß die Urzeugung des Lebens aus anorganischen Ausgangsstoffen nur in einem reduzierenden Milieu möglich war. Die sauerstoff-freie Primordial-Atmosphäre war also eine unabdingbare Voraussetzung für die Entstehung des Lebens. Die ersten Lebewesen waren sicher primitive Einzeller ohne Zellstruktur, sogenannte Prokaryonten, die ihren Energiebedarf durch Gärung aus den organischen Molekülen der Ursuppe deckten. Diese Gärung mag grundsätzlich nach dem Schema der Alkoholgärung aus Zucker abgelaufen sein:

$$C_6H_{12}O_6 \rightarrow 2C_2H_5OH + 2CO_2 .$$

Aus Zucker entstehen dabei Substanzen erniedrigter (Ethylalkohol C_2H_5OH) und erhöhter Oxidationsstufe (CO_2), so daß sich insgesamt die Oxidationsstufe nicht ändert. Die Gärungsprodukte waren aber ohne weiteren Wert für diese primitiven Organismen, die man auch als Heterotrophen bezeichnet, so daß deren Entwicklung durch das Angebot organischer Nährstoffe in der Ursuppe begrenzt blieb. Hierzu kommt, daß die Gärung ein recht ineffektiver Energieerzeugungsprozeß ist.

Ein entscheidender Fortschritt war sicherlich die Entwicklung der Autotrophen, Lebewesen, die ihren Kohlenstoff in Form von *Kohlendioxid* aufnehmen und daraus selbst höhere organische Verbindungen herstellen können. Die ersten Autotrophen, die man auch als Chemoautotrophen bezeichnet, benutzten vermutlich Kohlendioxid als Elektronenakzeptor (Oxidationsmittel) und Wasserstoff als Elektronendonator (Reduktionsmittel), beides Gase, die in der primitiven Atmosphäre reichlich vorhanden waren. Stephenson [15] erwähnt in diesem Zusammenhang Bakterien, die Essigsäure aus Kohlendioxid und Wasserstoff synthetisieren gemäß

$$2CO_2 + 4H_2 \rightarrow CH_3COOH + 2H_2O .$$

Methan-Bakterien sind Autotrophen, die Energie aus der Reaktion

$$CO_2 + 4H_2 \rightarrow CH_4 + 2H_2O \text{ gewinnen.}$$

Dies sind Beispiele der Art von Reaktionen, die von den ersten autotrophen Organismen benutzt worden sein können. Nach Walker [5] sollte die Synthese organischer Moleküle aus Wasserstoff und Kohlendioxid durch die Autotrophen wesentlich schneller als durch nichtbiologische Prozesse erfolgt sein, wodurch die biologische Aktivität insgesamt erheblich gesteigert wurde. Die Ausbreitung der Chemoautotrophen blieb aber begrenzt durch das Angebot an Wasserstoff, der fast ausschließlich durch vulkanische Aktivität nachgeliefert werden mußte.

Eine weitere Steigerung der biologischen Aktivität erforderte daher die Erschließung einer ergiebigeren Energiequelle, der Sonnenenergie, und so war vermutlich der nächste Entwicklungsschritt die *Photosynthese*. Während aber Heterotrophen und Chemoautotrophen im tiefen Ozeanwasser oder im Schlamm leben konnten, erforderte die Photosynthese Sonnenlicht und damit Exposition für gefährliche UV-Strahlung. Berkner und Marshall [9] haben gezeigt, daß reines Wasser UV-Strahlung nur schwach absorbiert und entsprechend mehrere 10 m dicke Wasserschichten zum Schutz der Organismen notwendig sind. Wahrscheinlich haben sich die Mikroben, wie Sagan [16] vorgeschlagen hat, durch Schichten organischer Substanzen, die effektive UV-Absorber sind, auch im flachen Wasser geschützt. So scheinen die in Südrhodesien gefundenen Stromatolithen, fast 3 Milliarden Jahre alte versteinerte Algenmatten, den Beweis zu liefern, wie sich Organismen durch Schichten abgestorbener Vorfahren gegen die UV-Strahlung abgeschirmt haben.

Die Entwicklung von *Pigmenten* erlaubte es den Organismen erstmalig, durch Photosynthese die Energie des Sonnenlichts direkt zu nutzen. Bakterielle Photosynthese, bei der noch kein Sauerstoff freigesetzt wird, ist ein primitiverer Prozeß als die Photosynthese grüner Pflanzen und dürfte dieser vorausgegangen sein [14]. Die ersten photosynthetisierenden Organismen haben vermutlich den Kohlenstoff für ihre Biosynthese aus organischen Molekülen bezogen, waren also Heterotrophen. Die neue Energiequelle verschaffte ihnen aber einen Vorteil gegenüber ihren gärungsstoffwechselnden Verwandten insofern, als sie auch organische Moleküle für ihren Stoffwechsel verwerten konnten, die für jene nur Abfallprodukte waren. Alle heute bekannten photosynthetisierenden Bakterien wie Purpurbakterien und grüne Bakterien sind jedoch Autotrophen, die ihren Kohlenstoff aus Kohlendioxid gewinnen. Sie benötigen für diese Reduktion Substanzen wie Wasserstoff, Schwefelwasserstoff, Thiosulfat und organische Moleküle als Elektronendonatoren. Somit hing wie vor Entwicklung der bakteriellen Photosynthese die Ausbreitung des Lebens von der Nachlieferung der reduzierten Substanzen, im wesentlichen durch Vulkane, ab. Die bakterielle Photosynthese ermöglichte dennoch eine beträchtliche Expansion der belebten Welt durch bessere Ausnutzung der verfügbaren Energie sowie Wiederverwendung von Stoffwechselprodukten der gärenden Organismen (Recycling).

Der nächste und letzte Schritt der Entwicklung des biologischen Stoffwechsels, die Photosynthese durch *grüne Pflanzen*, befreite das Leben von seiner Abhängigkeit von Vulkanen als Quelle für reduzierte Substanzen. Dieser Übergang von Wasserstoff zu Wasser als Elektronendonator war kein einfacher Schritt, denn er erforderte die Spaltung des Wassers in Wasserstoff und Sauerstoff. Bei diesem Prozeß, der in mehreren Reaktionsschritten abläuft, entstehen Zwischenprodukte wie HO_2 und OH, äußerst reaktive Radikale also (s. Abschnitt 2.3), die organische Zellbestandteile zerstören können. Bevor die Organismen also beginnen konnten, die neue Photosynthesetechnik anzuwenden, mußten sie Mechanismen entwickeln, um die Konzentration der reaktiven Zwischenprodukte in ihren Zellen gering zu halten. Die heutigen Organismen enthalten hierfür eine Anzahl von Enzymen, und auch die ersten Organismen, welche Photosynthese grüner Pflanzen betrieben, müssen Enzyme mit ähnlichen Regelfunktionen besessen haben. Man nennt den Prozeß „Photosynthese grüner Pflanzen" zur Unterscheidung von der bakteriellen Photosynthese, obwohl er nicht nur im pflanzlichen Stoffwechsel vorkommt. So betreiben zum Beispiel Cyanobakterien (Blaualgen) „Photosynthese grüner Pflanzen"; sie ähneln wahrscheinlich den Organismen, die zuerst die Fähigkeit zu dieser neuen Technik besaßen, bei der, sieht man von den Zwischenschritten ab, folgende Summenreaktion abläuft:

$$6CO_2 + 6H_2O + \text{Licht} \xrightarrow{\text{Chlorophyll}} C_6H_{12}O_6 + 6O_2.$$

Bei dieser Photosynthese entstehen also aus zwei energetisch wertlosen Stoffen (CO_2 ist die energieärmste aller Kohlenstoffverbindungen) Kohlehydrate wie Zucker mit hoher freier Energie. Das Chlorophyll spielt dabei die Rolle eines Katalysators. Gleichzeitig wird als „Abfallprodukt" Sauerstoff freigesetzt, und zwar ein O_2-Molekül für jedes organisch fixierte Kohlenstoffatom. Die Entwicklung der Photosynthese, der letztlich die gesamte irdische Biomasse ihre Entstehung verdankt, kennzeichnet den Beginn des Pflanzenlebens auf der Erde. Photosynthetisierende Organismen sind autotroph, also in der Lage, organische Nahrung zu assimilieren. Mit ihrem Auftreten entstand eine neue Sauerstoff-Quelle, der wir den heutigen hohen Sauerstoff-Anteil der Atmosphäre verdanken. Der Anstieg des atmosphärischen Sauerstoff-Gehaltes erfolgte zunächst äußerst langsam, da der bei der Photosynthese freigesetzte Sauerstoff zur Oxidation reduzierender Bestandteile der Erdkruste und der alten Atmosphäre verbraucht wurde. Erst fast 2 Milliarden Jahre nach Beginn der Photosynthese dürfte der atmosphärische Sauerstoff-Gehalt merklich über den Urey-Pegel von 0,001 PAL angestiegen sein.

Mit der Photosynthese setzte nicht nur ein gigantischer Produktionsprozeß für Biomasse ein, die Existenz freien Sauerstoffs ermöglichte es den photosynthetisierenden Organismen erstmalig, die in den Kohlehydraten gespeicherte Sonnenenergie durch „Verbrennung" vollständig wieder freizusetzen. Bei dem als Umkehrreaktion zur Photosynthese ablaufenden Prozeß der Sauerstoff-Atmung

$$C_6H_{12}O_6 + 6O_2 \rightarrow 6CO_2 + 6H_2O$$

wird aber etwa 14mal soviel Energie gewonnen wie durch die primitive Gärung. Es scheint, als ob diese neue Energiequelle mit dem Anstieg des atmosphärischen Sauerstoff-Gehaltes der entscheidende Auslöser für die Entwicklung der Vielfalt unseres irdischen Lebens gewesen sei.

Wie bei der Atmung werden auch bei der Verwesung abgestorbener Organismen Kohlehydrate mit Sauerstoff wieder zu Kohlendioxid und Wasser „verbrannt". Wurde bei der Photosynthese für jedes organisch fixierte Kohlenstoff-Atom ein Sauerstoff-Molekül freigesetzt, so wird bei der Atmung und Verwesung genau ein Sauerstoff-Molekül pro Kohlenstoff-Atom wieder verbraucht. Die Existenz freien Sauerstoffs in der Atmosphäre setzt demnach voraus, daß eine äquivalente Menge organischer Substanz nicht verwest ist sondern gleichsam unter Luftabschluß konserviert wurde. Nach einer Massenberechnung von Li [17] enthält die Erdkruste zehn Millionen Gigatonnen (10×10^{21} g) organischen Kohlenstoff aus abgestorbener organischer Substanz, die im Zuge der Sedimentbildung „begraben" wurde. Dieser Kohlenstoff-Menge entspricht ein Sauerstoff-Äquivalent von 27 Millionen Gigatonnen, etwa 20mal mehr, als heute in der Atmosphäre vorhanden ist. Der Großteil des durch Photosynthese freigesetzten Sauerstoffs wurde demnach zur Oxidation reduzierter Bestandteile der Erdkruste und der alten Atmosphäre aufgebraucht. Unsere Atmosphäre ist demnach Teil eines Gesamtsystems, das neben der Lufthülle die Ozeane und die Sedimente umfaßt und dessen Stoffverteilung durch geologische und biologische Kreisläufe bestimmt wird. Die Sedimente spielen in diesem System als „Konservierungsmedium" eine hervorragende Rolle; aus Untersuchungen von Sedimenten haben wir, wie im nächsten Abschnitt erläutert wird, die wesentlichsten Hinweise über den Ablauf der Evolution unserer Atmosphäre erhalten.

1.3. Sedimente und Fossilien: Konservierte Indizien der atmosphärischen Evolution

Die Atmosphäre, der Ozean und die Sedimente zusammen bilden eine geochemische Einheit; die Art der im Ozean gebildeten Sedimente wird über den Gasaustausch zwischen der Atmosphäre und dem Ozean von der atmosphärischen Zusammensetzung bestimmt.

Die ältesten bislang gefundenen Sedimente von Isua (Grönland), deren Alter auf fast 3,8 Milliarden Jahre datiert wird, zeigen, daß schon zu so früher Zeit, kaum eine Milliarde Jahre nach Entstehung der Erde, ein Ozean existierte und die Sedimentbildung begonnen hatte. Aus dem Carbonat-Gehalt dieser frühen Sedimente kann man schließen, daß bereits damals der Methan-Anteil der frühen Atmosphäre durch Kohlendioxid ersetzt war. Daß die Primordial-Atmosphäre während der ersten 2,5 Milliarden Jahre der Erdgeschichte keinen freien Sauerstoff enthielt, wird durch den Gehalt höchst oxidabler Mineralien wie Pyrit und Uranpecherz in frühen Sedimenten, wie den Witwatersrand-Konglomeraten, belegt [18].

Auf der anderen Seite zeigen Funde von *Mikrofossilien* in diesen ältesten Sedimenten, daß bereits vor 3,8 Milliarden Jahren [19] lebende Organismen existiert haben. Hierbei handelt es sich um primitive Einzeller, vermutlich Prokaryonten. Das Vorkommen von Chlorophyll-Derivaten in mehr als 3 Milliarden Jahre alten Sedimenten [21] zeigt, daß die Photosynthese tatsächlich eine recht frühe Errungenschaft des Lebens ist. Auch die bereits erwähnten Stromatolithen-Riffe in Rhodesien, fossile Relikte riesiger Blaualgenkolonien, beweisen, daß vor mehr als 3 Milliarden Jahren Sauerstoff durch Photosynthese produziert wurde.

Die ältesten bisher gefundenen *Stromatolithen* in den australischen Warrawoona-Sedimenten sind sogar 3,5 Milliarden Jahre alt [20]. Weniger als eine Milliarde Jahre nach Abschluß der Erdbildung gab es also nicht nur Leben, sondern dieses hatte sich bereits zu einer so fortgeschrittenen Form wie der Photosynthese entwickelt. Nach Miller [21] könnte das Leben durchaus schon 500 Millionen Jahre nach Abschluß der Erdbildung, also bereits vor mehr als 4 Milliarden Jahren, entstanden sein.

Für die primitiven Blaualgen, die Kohlehydrate zur Deckung ihres Energiebedarfs noch durch Gärung abbauten, bedeutete der freigesetzte Sauerstoff aber ein schädliches Stoffwechselgift (so werden sauerstoffabspaltende Substanzen heute z. B. als Desinfektionsmittel verwendet). Auch heute gibt es Blaualgenarten, die in Abwesenheit von Sauerstoff (unter anaeroben Bedingungen) besser gedeihen als an der Luft.

Bevor es in der Atmosphäre freien Sauerstoff gab, wurde das in den Urgesteinen enthaltene zweiwertige (Ferro-)Eisen bei der Verwitterung gelöst und im Meer angereichert. Für den Sauerstoff, den die Blaualgen produzierten, wirkte dieses zweiwertige Eisen in Lösung wie ein Schwamm, der sofort auch die kleinsten Spuren dieses Elements an sich riß. Dadurch wurden die anaerob lebenden Organismen von ihrem selbst produzierten Stoffwechselgift, dem Sauerstoff, befreit. Andererseits konnte, solange die

Meere gelöste Salze zweiwertigen Eisens enthielten, kein Sauerstoff in die Atmosphäre gelangen und dort einen Konzentrationsanstieg bewirken.

Im Meer wurde das zweiwertige Eisen durch den Sauerstoff zu dreiwertigem Eisen oxidiert und, da dieses nicht wasserlöslich ist, ausgefällt und als (chemisches) Sediment auf dem Meeresgrund abgelagert. (Neben der Oxidation von zweiwertigem Eisen wurde der Sauerstoff auch zur Oxidation reduzierter Schwefelverbindungen zu Sulfat verbraucht, das ebenfalls im Sediment abgelagert wurde.) Und wieder sind es die Sedimente, die uns über diese Prozesse Aufschluß geben: Vor 2,5 bis 2 Milliarden Jahren entstanden, gleichsam als Abfallprodukt der Photosynthese damals lebender Blaualgen, riesenhafte Eisenerzsedimente, die sogenannten gebänderten Eisensteine (Banded Iron Formations) oder Itabirite, die etwa 70 Prozent der heutigen Welteisenerzförderung bestreiten. Es sind bisher keine gebänderten Eisensteine gefunden worden, die wesentlich jünger als 2 Milliarden Jahre sind, was darauf hindeutet, daß zu diesem Zeitpunkt alles im Meer gelöste zweiwertige Eisen aufgebraucht und als Fe(III) im Sediment abgelagert war.

Für die Blaualgen muß sich als Folge ein schwerwiegendes Umweltproblem ergeben haben: Es gab nun im Meer keine nennenswerten Abbaumechanismen für Sauerstoff mehr, das Stoffwechselgift konnte sich anreichern, und das anaerobe Milieu wurde zunehmend aerob. Für die Organismen, die sich unter anaeroben Bedingungen entwickelt hatten, bedeutete dies, sich entweder an das neue Gas zu gewöhnen oder sich auf die Regionen zurückzuziehen, die weiterhin frei von Sauerstoff blieben. So gibt es auch heute Anaerobier, die nur in sauerstoff-freiem Milieu, in Sümpfen oder im Faulschlamm auf dem Grunde von Seen gedeihen.

Es gibt sogenannte fakultative Anaerobier, einzellige Organismen, die im anaeroben Milieu ihre Energie durch Gärung gewinnen, die aber unter aeroben Bedingungen auf Atmung „umschalten" können. Dieser Umschlag von der Gärung zur Atmung, der sogenannte Pasteur-Effekt, kann bei etwa einem Hundertstel des heutigen Sauerstoff-Niveaus erfolgen. Fast zwei Milliarden Jahre hatte das älteste Leben, durch gelöste Fe(II)-Salze und Schwefelverbindungen von der toxischen Wirkung des eigenen Stoffwechselprodukts geschützt, Zeit gehabt, um geeignete Enzymsysteme zur Sauerstoff-Abwehr zu entwickeln. Jetzt erfolgte, ausgelöst durch den zunehmenden Sauerstoff-Gehalt, der Übergang zu einem wesentlich effektiveren Stoffwechselmechanismus. Gegenüber der anaeroben Gärung bedeutete die Sauerstoff-Atmung nicht nur eine Anpassung an die neuen Umweltbedingungen sondern eine 14mal effektivere Ausnutzung der in den Kohlehydraten gespeicherten Energie. Als Folge dieses evolutionären Fortschritts nahmen die biologische Aktivität und damit auch die Sauerstoff-Produktion zu, und der atmosphärische Sauerstoff-Gehalt konnte über den Urey-Pegel steigen. Erstmals in der Erdgeschichte wurden die festländischen Gesteine der Oxidationsverwitterung unterworfen, was zu Bildung roter Sandsteine mit dreiwertigem Eisen im Bindemittel („Red Beds") sowie sulfat-haltiger Sedimente führte. Die ersten Rotsandsteine tauchen in Formationen auf, die jünger als 2 Milliarden Jahre sind. Sie sind der Beweis dafür, daß sich in der Erdatmosphäre zu dieser Zeit Sauerstoff zu akkumulieren begann, wenngleich unbekannt ist, von welchem Sauerstoff-Gehalt an die Bildung der Rotsandsteine einsetzte [5]. Mikrofossile Funde scheinen zu beweisen, daß der Pasteur-Pegel von einem hundertstel PAL vor etwa 1,5 Milliarden Jahren erreicht war, denn Eukaryonten, differenzierte Zellstrukturen mit oxidativem Stoffwechsel, sind erst von diesem Zeitpunkt an nachweisbar [22].

Das höhere, *mehrzellige Leben* hat sich, erdgeschichtlich gesehen, erst sehr spät, etwa vor 1,5 bis 0,6 Milliarden Jahren, dann aber fast explosiv entwickelt, nachdem vorher das primitive einzellige Leben über den langen Zeitraum von mehr als 2 Milliarden Jahren nur geringe Fortschritte gemacht hatte. Es ist naheliegend, zwischen der raschen Entwicklung des höheren Lebens und der Zunahme des atmosphärischen Sauerstoff-Gehaltes auf heutige Werte einen Zusammenhang zu vermuten [18]. Danach könnte der Übergang von der primitiven Gärung auf die energetisch 14mal effizientere Sauerstoff-Atmung der Auslöser für die rasche Herausbildung der Vielfalt unseres Lebens gewesen sein und damit letztlich eine Konsequenz der ersten durch die Biosphäre verursachten „Luftverschmutzung" [22]. Mit Erreichen des „Festlandpegels" bei 0,1 PAL konnte die *Besiedelung des Landes* beginnen. Dieser Sauerstoff-Anteil ist ausreichend für die Bildung einer Ozonschicht, welche die für die Organismen schädliche UV-Strahlung mit Wellenlängen unterhalb 290 nm weitgehend absorbiert [9]. Das heutige Sauerstoff-Niveau war vermutlich im Karbonzeitalter vor etwa 350 Millionen Jahren erreicht. Ratner und Walker [23] haben berechnet, daß eine adäquate Ozonschicht schon bei einem wesentlich niedrigeren Sauerstoff-Niveau existiert haben kann. Die Besiedlung des Festlandes könnte demnach entsprechend früher erfolgt sein. Hieraus schließt Walker [5], daß der heutige Sauerstoff-Pegel bereits vor 1 Milliarde Jahren erreicht war.

Die Sedimente der Erdkruste enthalten die gewaltige Menge von 10×10^{21} g (das sind zehn Millionen Gigatonnen) organischen Kohlenstoffs aus abgestorbener organischer Substanz, etwa 10 000mal mehr, als in der gesamten heute lebenden Biomasse enthalten ist. Der überwiegende Teil davon ist fein verteilt, nur etwa 1‰ liegt in Form abbauwürdiger Kohle-, Erdöl- und Erdgaslagerstätten vor [24]. Würde man den gesamten Vorrat von 10^{19} g fossiler Brennstoffe innerhalb kürzester Zeit verbrennen, so würde man hierzu $2,7 \times 10^{19}$ g Sauerstoff verbrauchen, also nur etwa

2% des atmosphärischen Sauerstoffgehaltes. Die Verbrennung von Kohle, Öl und Erdgas stellt also für das atmosphärische Sauerstoffbudget sicherlich kein Problem dar, das als Verbrennungsprodukt gebildete Kohlendioxid hingegen kann (wie in Abschnitt 4.7 diskutiert), durchaus zu unerwünschten Konsequenzen führen.

Der Gesamtmenge von organischem Kohlenstoff entspricht ein Sauerstoff-Äquivalent von 27×10^{21} g. Dies ist etwa 20mal mehr, als heute in der Atmosphäre vorhanden ist. 95% des durch Photosynthese freigesetzten Sauerstoffs wurden also zur Oxidation reduzierender Bestandteile, von Fe(II) zu Fe(III) sowie von Schwefel zu Sulfat, verbraucht (sekundär gebundener Sauerstoff), nur 5% sind tatsächlich als freier Sauerstoff in der Atmosphäre verblieben. Die Differenz der nach Li [17] durch Photosynthese im Laufe der Erdgeschichte erzeugten Gesamtmenge an Sauerstoff ($29,8 \times 10^{21}$ g) und der heutigen freien Sauerstoffmenge in der Atmosphäre ($1,3 \times 10^{21}$ g) ergibt mit $28,5 \times 10^{21}$ g einen Wert, der mit dem Sauerstoff-Äquivalent des organischen sedimentären Kohlenstoffs gut übereinstimmt und damit bestätigt, daß Photosynthese der entscheidende Produktionsprozeß für Sauerstoff gewesen muß.

Ein weiterer wichtiger Befund ergab sich aus der Untersuchung des Isotopenverhältnisses $^{13}C/^{12}C$ verschiedener Sedimente. Fast der gesamte irdische Kohlenstoff ist in den Sedimenten der Erdkruste konzentriert, und zwar einmal als organischer Kohlenstoff, zum anderen als Carbonat-Kohlenstoff in Kalk- und Dolomitgesteinen. Jede der beiden Kohlenstoffarten hat ein charakteristisches Verhältnis der Kohlenstoffisotope ^{13}C und ^{12}C, was daher rührt, daß bei der Photosynthese das leichtere Isotop ^{12}C bevorzugt in die organische Substanz eingebaut wird, so daß diese etwa 25‰ weniger ^{13}C enthält als das Umwelt-CO_2.

Die isotopische Zusammensetzung des Umwelt-CO_2 wird aber in den Carbonat-Sedimenten konserviert. Findet man demnach in Sedimenten Reste organischer Substanz, so sollten diese ungefähr 25‰ weniger ^{13}C enthalten als gleichzeitig gebildete Carbonate.

Tatsächlich konnte Schidlowski nachweisen, daß diese biologisch bedingte Kohlenstoff-Fraktionierung mit Sicherheit bis 3,5 Milliarden, wahrscheinlich sogar bis 3,8 Milliarden Jahre (die Isua-Sedimente sind insofern zweifelhaft, als sie eine Metamorphose durchgemacht haben) nahezu unverändert zurückverfolgt werden kann [24]. Gegenüber dem aus dem Erdmantel stammenden primordialen Kohlenstoff enthält der Carbonat-Kohlenstoff etwa 5‰ mehr ^{13}C. Hieraus folgt, daß zu allen Zeiten der Erdgeschichte bis zu 3,5 Milliarden Jahren zurück das Verhältnis von organischem Kohlenstoff zu Carbonat-Kohlenstoff konstant etwa 1:4 betrug. Da kein nichtbiologischer Prozeß bekannt ist, der eine solche Isotopenfraktionierung bewirkt haben könnte, beweist dieses Ergebnis, daß schon vor 3,5 Milliarden, wahrscheinlich sogar 3,8 Milliarden Jahren, photosynthetische Prozesse und quantitativ erhebliche biologische Aktivität existierten. Es gab also schon weniger als 1 Milliarde Jahre nach Abschluß der Erdbildung nicht nur Ozeane und Sedimente, sondern das Leben hatte sich bereits zu einer so fortgeschrittenen Form wie der Photosynthese entwickelt und zu erheblichen geochemischen Auswirkungen geführt. Leider sind bisher keine Sedimente aus noch früheren Zeitaltern gefunden worden, denn die Isotopenverhältnisse des darin enthaltenen Kohlenstoffs sollten mit wachsendem Alter gegen das des primordialen Kohlenstoffs konvergieren und es damit ermöglichen, den wichtigen Startpunkt der photosynthetischen Evolution zu fixieren.

Auch heute ist die reduzierende Eigenschaft von Erdkruste und Mantel noch keineswegs erschöpft. Weniger als die Hälfte des in den Sedimenten enthaltenen Schwefels liegt als Sulfat vor, der Rest, überwiegend Sulfid, stellt immer noch ein großes Reduktionspotential dar. Dazu kommt das im Urgestein enthaltene zweiwertige Eisen, das im Zuge seiner Verwitterung eine beinahe unerschöpfliche Reduktionsreserve darstellt. Die Koexistenz freien Sauerstoffs und reduzierender Krustenbestandteile stellt demnach ein gewaltiges geochemisches Ungleichgewicht dar, das ausschließlich durch die Stoffwechselprozesse der Biosphäre aufrechterhalten wird.

Thermodynamisch gesehen stellt die organische Evolution als Ganzes ein höchst unwahrscheinliches Phänomen dar; die biologische Diversifikation und die Entwicklung höherer Formen des Lebens haben eine gegenüber der Kruste verminderte Entropie bewirkt, die offensichtlich nur dadurch ermöglicht wurde, daß zunehmend Energie aus immer effektiveren Stoffwechselprozessen zur Verfügung stand. Das lebende System befindet sich also mit seiner Umgebung im thermodynamischen Ungleichgewicht, das durch einen ständigen Energiefluß aus der Umgebung in die lebende Substanz aufrechterhalten werden muß. So gesehen wird verständlich, warum sich die Vielfalt des Lebens erst mit der Sauerstoff-Atmung, dann aber um so stürmischer, entwickeln konnte, nachdem vorher mehr als 2 Milliarden Jahre eines „Blaualgen-Zeitalters" ohne nennenswerte evolutionäre Fortschritte vergehen mußten.

Würde das irdische Leben plötzlich vollständig zum Stillstand kommen, so würde innerhalb der nach geochemischen Maßstäben kurzen Umwälzzeit der Sedimente von nur 300 Millionen Jahren der freie Sauerstoff verschwinden und damit das chemische Gleichgewicht wieder hergestellt sein, wie es vor Beginn des Lebens der Fall war.

Aus Untersuchungen von Sedimenten können wir, wie kurz skizziert wurde, Hinweise über den zeitlichen Ablauf der biologischen Evolution gewinnen. Im Hinblick auf den freien Sauerstoff besitzen wir eigentlich nur einen Fixpunkt; wir können mit einiger Sicherheit angeben, wann sich dieser in der Atmosphäre zu akkumulieren begann, nämlich vor etwa 2 Milliarden Jahren, als das im Meer gelöste zweiwertige Eisen verbraucht war (Übergang von den gebänderten Eisensteinen zu den Rotsandsteinen). Vor diesem Zeitpunkt gab es praktisch keinen atmosphärischen Sauerstoff, jedenfalls nicht mehr als 10^{-3} PAL. Die Sedimente geben aber keinen Aufschluß darüber, wie schnell der Sauerstoff-Gehalt der Atmosphäre danach gewachsen ist.

Wir sind deshalb auf Modellrechnungen angewiesen, wie sie zum Beispiel von Li [17] oder Schidlowski [25] durchgeführt worden sind. Diese Modelle basieren darauf, daß, wie die Isotopenfraktionierung gezeigt hat, seit mehr als 3 Milliarden Jahren der sedimentäre Kohlenstoff zu $^1/_5$ als organischer und zu $^4/_5$ als Carbonat-Kohlenstoff vorliegt. Über die Photosynthesegleichung wird zu jedem Zeitpunkt das Sauerstoff-Budget aus der Größe des Gesamtkohlenstoff-Reservoirs berechnet, wobei dieses vom zeitlichen Verlauf der Entgasungsraten aus dem Erdinnern abhängt. Dabei wird angenommen, daß unmittelbar nach Bildung des Erdkörpers die Entgasungsraten sehr hoch waren und später exponentiell abgeklungen sind. Die Modellrechnungen ergaben, daß bereits vor 3 Milliarden Jahren ein Gesamtsauerstoffreservoir von fast 80% des heutigen existiert haben muß. Da zu dieser Zeit die Ozeane zweiwertiges Eisen und reduzierte Schwefel-Verbindungen enthielten, wurde dieser Sauerstoff sofort sekundär gebunden und als Fe_2O_3 und Sulfat sedimentär abgelagert. Erst seit etwa 2 Milliarden Jahren begann der Sauerstoff in der Atmosphäre anzusteigen, zunächst langsam, nach Erreichen des Festlandpegels vor etwa 500 Millionen Jahren schneller (s. Abb. 2).

Der heutige Sauerstoff-Gehalt von 21% wurde vermutlich vor etwa 350 Millionen Jahren erreicht. Danach kann sich der Sauerstoff-Anstieg nicht mehr wesentlich fortgesetzt haben, denn Lovelock und Lodge [26] haben gezeigt, daß bereits bei einem atmosphärischen Sauerstoff-Gehalt von 25% die gesamte Landvegetation durch Feuer zerstört werden würde. Andererseits kann man aus der Entwicklung der Vegetationsformen schließen, daß auch ein zeitweiser Sauerstoff-Abfall um mehr als 20% auszuschließen ist. Man nimmt daher an, daß nach Erreichen des heutigen Niveaus der atmosphärische Sauerstoffgehalt annähernd konstant geblieben ist.

Es sei ergänzend bemerkt, daß die 21% Sauerstoff unserer Atmosphäre noch anderen biologischen Vorgängen ihre Existenz verdanken, und zwar solchen, die Stickoxide reduzieren. Ohne diese Vorgänge, z. B. die bakterielle Denitrifikation von Nitrat und Nitrit im Boden (s. Abschnitt 3.3), würde unter Verbrauch von 7% Luftstickstoff der gesamte Luftsauerstoff entsprechend dem chemischen Gleichgewicht als Nitrat im Ozean vorliegen. Offensichtlich sind neben der wasserspaltenden Photosynthese biolo-

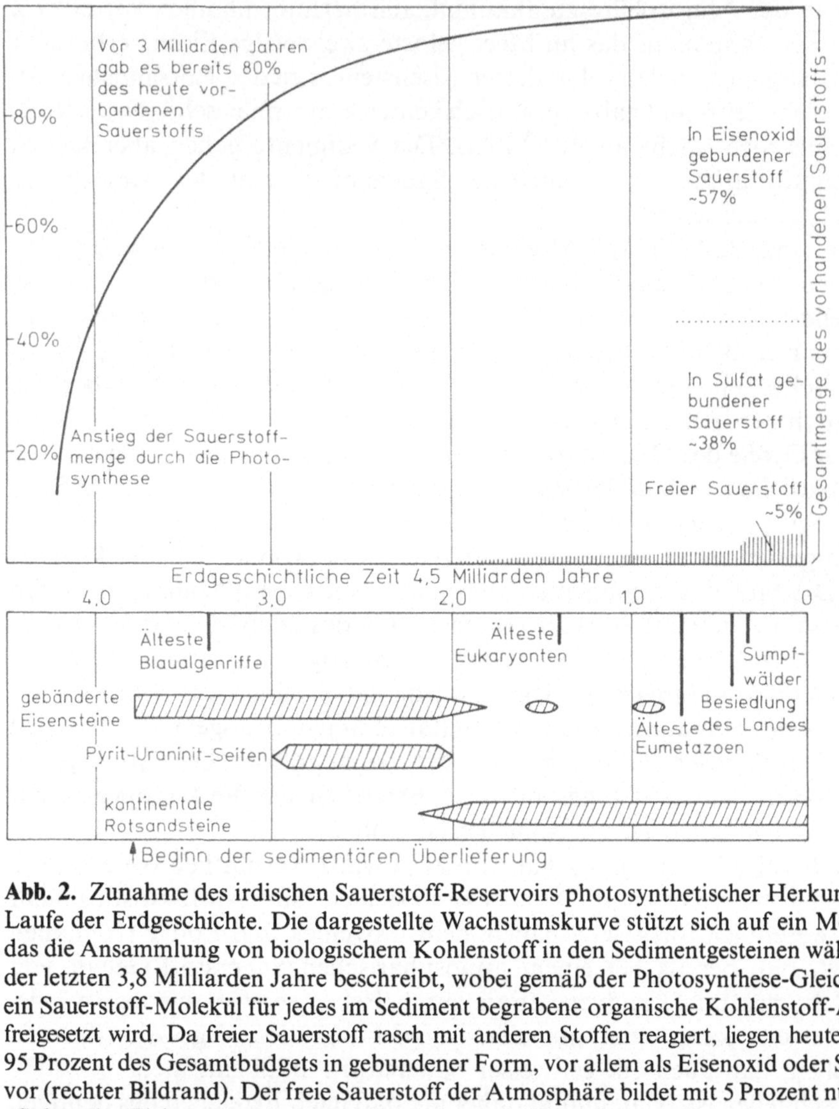

Abb. 2. Zunahme des irdischen Sauerstoff-Reservoirs photosynthetischer Herkunft im Laufe der Erdgeschichte. Die dargestellte Wachstumskurve stützt sich auf ein Modell, das die Ansammlung von biologischem Kohlenstoff in den Sedimentgesteinen während der letzten 3,8 Milliarden Jahre beschreibt, wobei gemäß der Photosynthese-Gleichung ein Sauerstoff-Molekül für jedes im Sediment begrabene organische Kohlenstoff-Atom freigesetzt wird. Da freier Sauerstoff rasch mit anderen Stoffen reagiert, liegen heute etwa 95 Prozent des Gesamtbudgets in gebundener Form, vor allem als Eisenoxid oder Sulfat vor (rechter Bildrand). Der freie Sauerstoff der Atmosphäre bildet mit 5 Prozent nur die „Spitze des Eisbergs". Die Kurve des wahrscheinlichen Sauerstoff-Anstiegs im freien Reservoir stützt sich auf paläontologische und geologische Befunde, die im unteren Teil des Bildes zusammengestellt sind. (Nach [25])

gische Reduktionsprozesse erforderlich, um die Existenz des freien Luftsauerstoffs sicherzustellen [22].

Es würde den Rahmen dieses Buches, das die chemischen Prozesse in der Atmosphäre zum Gegenstand hat, sprengen, ausführlicher auf die Biosphäre einzugehen. Hier ging es darum, die enge Verzahnung der atmosphärischen Zusammensetzung mit der Evolution im Laufe der Erdgeschichte aufzuzeigen. Tatsächlich werden außer den Edelgasen alle atmosphärischen Konstituenten über globale Stoffkreisläufe von der Biosphäre reguliert (s. hierzu auch Kapitel 2 und 3). Der Leser, der sich hierüber sowie über hier nicht behandelte Organismen und Evolutionsschritte, z. B. Stickstoff-, Wasserstoff-, Schwefel- und Eisenbakterien informieren möchte, sei auf die Spezialliteratur hingewiesen (z. B. Ref. [2, 5, 15, 21, 27, 28]).

2 Die Ozon-Schicht und die photochemischen Prozesse in der mittleren Atmosphäre

2.1 Die Sauerstoff-Reaktionen

Ozon ist die dreiatomige Form des gewöhnlichen Luftsauerstoffs, der aus zwei Atomen besteht (Abb. 3). Um Ozon zu bilden, muß man Sauerstoff-Moleküle (O_2) durch Bestrahlung mit kurzwelligem UV-Licht (Wellenlänge kleiner als 242 nm) in einzelne Atome O aufspalten. Der Chemiker schreibt diese Photodissoziationsreaktion als

$$\text{UV-Licht} + O_2 \rightarrow O + O \qquad \text{[Gleichung (1) in Abb. 3]}.$$

Jedes dieser Sauerstoff-Atome kann sich an ein gewöhnliches zweiatomiges Sauerstoff-Molekül anlagern und so das dreiatomige Ozon bilden. Hierbei ist zur Abführung überschüssiger Energie ein dritter Stoßpartner M beteiligt, irgendein anderes Molekül oder Atom, das nach dem Stoß unbeteiligt fortfliegt. Der Chemiker schreibt diesen Prozeß

$$O + O_2 + M \rightarrow O_3 + M \qquad \text{[Gleichung (2) in Abb. 3]}.$$

Da bei der Spaltreaktion (1) zwei O-Atome entstehen, läuft die Stoßreaktion (2) doppelt. Die Summe aus den Reaktionen (1) und (2) liefert die Nettobilanz für den ozon-bildenden Prozeß:

$$UV + 3O_2 \rightarrow 2O_3,$$

wobei sich die Zwischenprodukte O herausheben. In einer sauerstoffhaltigen Atmosphäre bildet sich stets Ozon, wenn genügend kurzwellige UV-Strahlung vorhanden ist. Dieses geschieht in der mittleren Atmosphäre, wo die Ultraviolettstrahlung der Sonne nur wenig geschwächt einfällt, das kann man aber auch beim Betrieb einer Höhensonne beobachten.

Im gleichen Maße, wie Ozon gebildet wird, findet ein *Ozon-Abbauprozeß* statt, welcher der Ozon-Bildung entgegenwirkt (Abb. 4). Zum einen wird durch Strahlung das 3-atomige Ozon-Molekül wieder in seine Bestandteile O und O_2 gespalten. Da die Bindungsenergie, die das Ozon-Molekül zusammenhält, etwa 5mal kleiner als diejenige des molekularen Sauerstoffs

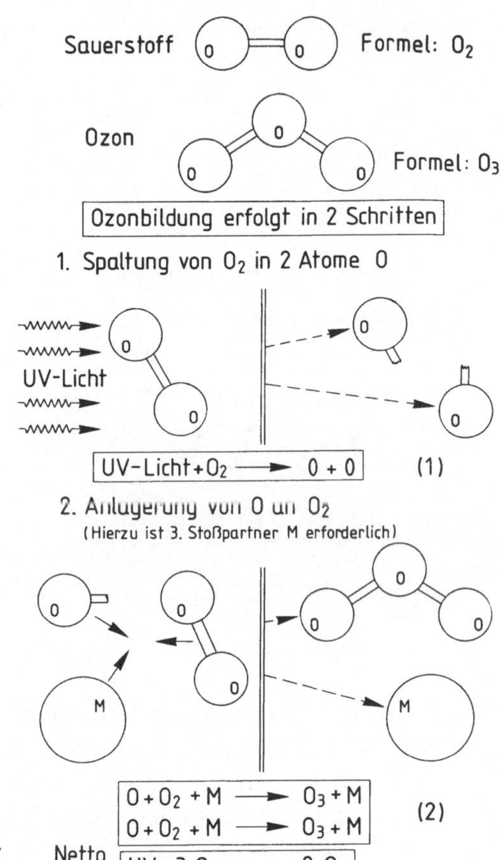

Abb. 3. Schematische Darstellung der Bildung von Ozon

ist, kann die Ozon-Photolyse bei bis zu etwa 5mal größeren Wellenlängen, nämlich bis zu 1200 nm erfolgen. Die Photodissoziationsreaktion

$$\text{Licht} + O_3 \rightarrow O + O_2 \qquad [\text{Gleichung (1) Abb. 4}]$$

läuft also im Gegensatz zu der von Sauerstoff nicht nur mit UV-Strahlung, sondern auch mit sichtbarem Licht ab. Zum anderen ergibt eine Stoßreaktion von einem O-Atom und einem Ozon-Molekül O_3 wieder 2 normale Sauerstoffmoleküle O_2

$$O_3 + O \rightarrow O_2 + O_2 \qquad [\text{Gleichung (2) Abb. 4}].$$

Als Nettobilanz beider ozon-zerstörenden Prozesse erhalten wir:

$$\text{Licht} + 2O_3 \rightarrow 3O_2.$$

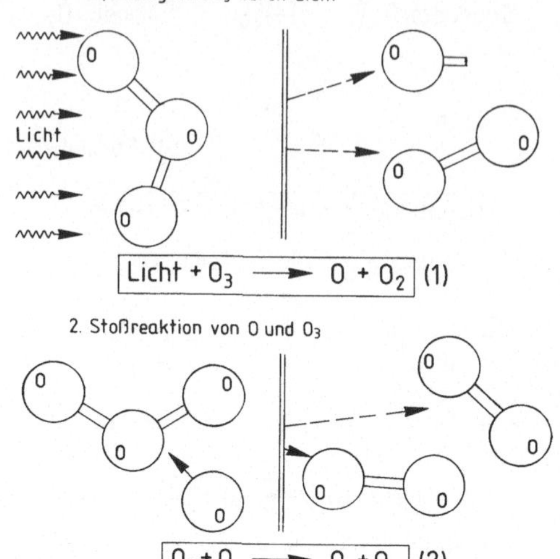

Abb. 4. Schematische Darstellung der Ozon-Zerstörung in einer reinen Sauerstoff-Atmosphäre

Haben wir also bei der Ozon-Bildung die Umwandlung von $3O_2$ in $2O_3$, so findet bei der Ozon-Zerstörung genau der umgekehrte Prozeß statt. Die Ozonschicht, die wir in der Atmosphäre vorfinden, sollte gerade dem Gleichgewicht zwischen ozon-bildenden und ozon-zerstörenden Reaktionen entsprechen, wobei die globale Ozon-Verteilung, wie im nächsten Abschnitt erläutert wird, durch die allgemeine Zirkulation der Atmosphäre wesentlich mitgeprägt wird.

Der bei der Photolyse von Ozon gebildete atomare Sauerstoff befindet sich im Grundzustand (Triplett-P oder ^{3}P), wenn die Wellenlänge λ des eingestrahlten Lichtes größer als 310 nm ist. Wird die Photolyse durch UV-Strahlung mit Wellenlängen unterhalb 310 nm ausgelöst, so entstehen Sauerstoff-Atome, die sich in einem angeregten Zustand höherer Energie (Singulett-D oder ^{1}D) befinden. Die Reaktionsgleichung (1) der Abb. 4 besteht daher je nach Wellenlänge aus zwei Anteilen:

$$\text{Licht} + O_3 \rightarrow O(^3P) + O_2 \qquad \text{für } \lambda > 310\,\text{nm},$$
$$\text{UV-Licht} + O_3 \rightarrow O(^1D) + O_2 \text{ für } \lambda < 310\,\text{nm}.$$

(Im Folgenden soll vereinfachend $O(^3P)$ weiterhin als O, $O(^1D)$ als O* geschrieben werden.)

Diese Aufspaltung bewirkt für die Ozonschicht direkt nur eine geringe Modifikation, da die Rekombinationsreaktion für O* das gleiche Resultat liefert wie Gleichung (2), nämlich $O_3 + O^* \rightarrow O_2 + O_2$. Außerdem gibt O* seine Anregungsenergie bei Stößen mit Stickstoff- oder Sauerstoff-Molekülen rasch wieder ab und geht dabei in den normalen Grundzustand über.

Indirekt sind aber die angeregten Sauerstoff-Atome für die Ozonschicht von größter Wichtigkeit, denn sie bauen (wie in den Abschnitten 2.3 und 2.4 erläutert wird), Quellgase ab. Die hierdurch gebildeten Substanzen, äußerst reaktive Radikale, bewirken katalytische Reaktionen, durch welche die Ozonschicht erheblich modifiziert wird. So führt der Abbau des natürlichen Quellgases Distickstoffoxid (N_2O) zu Stickoxid (NO) nach der Reaktion

$$N_2O + O^* \rightarrow NO + NO$$

dazu, daß die mittlere Atmosphäre etwa 25 Prozent weniger Ozon-Moleküle enthält, als es ohne diesen Prozeß der Fall wäre.

Auch aus einem anderen Grund ist die Bildung angeregter Sauerstoff-Atome wichtig. UV-Strahlung mit Wellenlängen unterhalb 310 nm dringt nämlich, wenn auch geschwächt, bis in die Troposphäre. Dort gibt es zwar wesentlich weniger Ozon als in der mittleren Atmosphäre, dennoch wird genügend O^* gebildet, um aus dem allgegenwärtigen Wasserdampf Hydroxyl (OH) zu erzeugen gemäß

$$H_2O + O^* \rightarrow OH + OH.$$

OH ist wie NO ein Radikal und als solches sehr reaktiv. Es löst in der Troposphäre, die wegen des Fehlens energiereicher UV-Strahlung an sich photochemisch träge ist, äußerst wichtige Reaktionsketten aus (s. 3.2).

Ein Schema der Sauerstoff-Reaktionen ist in Abb. 5 dargestellt. Anfangs- und Endprodukte stehen in Rechtecken, Reaktanten sind durch Ovale kenntlich gemacht. Die Reaktionspfade der Lichtreaktionen heben sich durch besondere Schraffur von den durch Vollstrich veranschaulichten Stoßreaktionen ab. Ohne UV-Strahlung, die Sauerstoff-Moleküle O_2 photolysiert ($\lambda < 242$ nm) und damit atomaren Sauerstoff O produziert, könnte keine der gezeigten Reaktionen ablaufen. Sind aber einmal „ungerade" Sauerstoff-Komponenten (O, O^* und O_3) gebildet, so bleibt das Ozon auch nach Beendigung der Einstrahlung (z. B. in der Nacht oder Polarnacht) erhalten, während der atomare Sauerstoff O und O^* über die Stoßreaktionen in O_2 bzw. O_3 übergeführt wird und damit verschwindet. O und O^* existieren demnach nur im sonnenbeschienenen Teil der Atmosphäre; die beträchtliche tageszeitliche Variation ihrer Konzentrationen ist in Abb. 16 veranschaulicht.

Für den sonnenbeschienenen Teil der Atmosphäre kann man die Einstellzeit des photochemischen Gleichgewichts zwischen „geradem" (O_2) und „ungeradem" Sauerstoff (O, O^* und O_3) berechnen. Diese auch Relaxationszeit genannte Größe hängt sowohl von der Sauerstoff-Konzen-

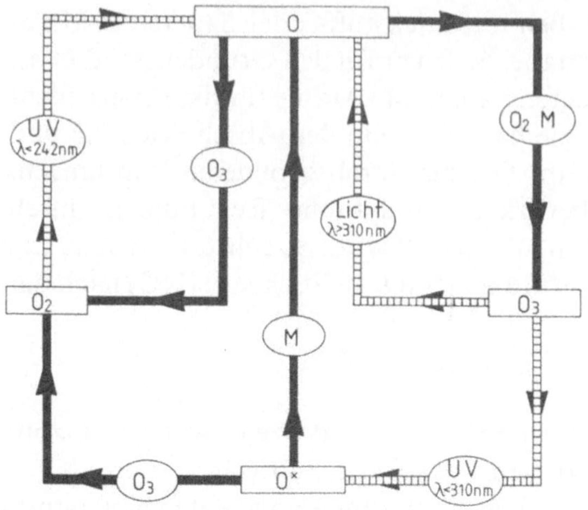

Abb. 5. Schema der reinen Sauerstoff-Reaktionen. Anfangs- und Endprodukte stehen in Rechtecken, Reaktanten sind durch Ovale kenntlich gemacht. Die Reaktionspfade der Lichtreaktionen heben sich durch besondere Schraffur von den durch Vollstrich veranschaulichten Stoßreaktionen ab

tration wie von der UV-Strahlung und damit von der Höhe ab. Sie beträgt am oberen Rand der Mesosphäre in 80 km Höhe einige Sekunden, im Bereich der Stratopause bei 50 km etwa eine Stunde, in 30 km Höhe bereits einen Monat, und sie nimmt darunter bis zu etwa einem Jahr in 20 km Höhe zu [29]. Die kurzen Relaxationszeiten in der Mesosphäre bedeuten, daß dort zu jedem Zeitpunkt photochemisches Gleichgewicht aller Sauerstoff-Komponenten erwartet werden kann. In der mittleren und vor allem in der unteren Stratosphäre hingegen, wo die Relaxationszeit mit abnehmender Höhe rapide zunimmt, können Abweichungen vom photochemischen Gleichgewicht, wie sie zum Beispiel durch dynamische Vorgänge hervorgerufen werden, vorkommen. Diese Abweichungen können, wie im folgenden Abschnitt gezeigt wird, beträchtlich sein.

2.2 Der Einfluß der atmosphärischen Dynamik

Die Berechnung der atmosphärischen Ozon-Verteilung nach dem im vorigen Abschnitt dargestellten Reaktionsschema liefert ohne Berücksichtigung von Transportprozessen eine Ozon-Schicht, die sich von der tatsächlich gemessenen Ozon-Verteilung erheblich unterscheidet. Man erhält eine Schicht mit einem Konzentrationsmaximum in ungefähr 25 km Höhe, und die Ozon-Konzentration fällt in allen Höhenbereichen von niederen zu höheren Breiten hin ab, da die solare UV-Strahlung mit

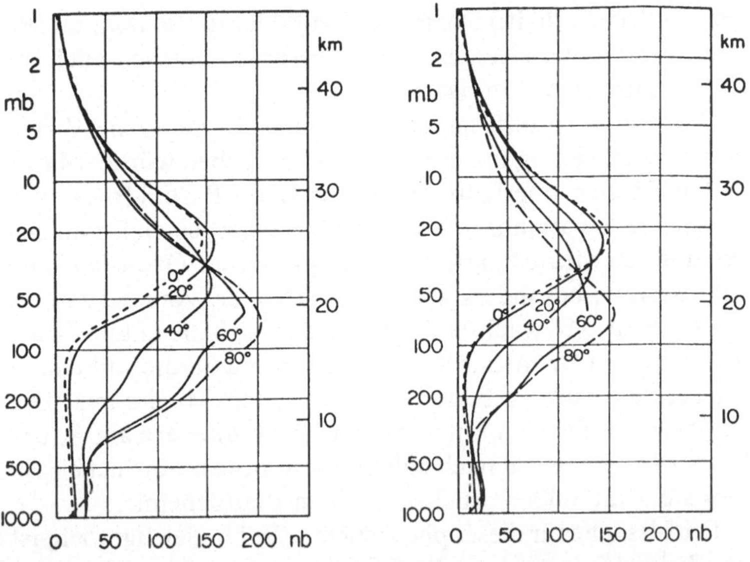

Abb. 6. Mittlere Vertikalverteilung von Ozon für verschiedene geographische Breiten der Nordhemisphäre. *Linkes Teilbild:* Februar; *rechtes Teilbild:* August. (Nach [29]). Der aufgetragene Ozon-Partialdruck in Nanobar gestattet die direkte Berechnung des Volumenmischungsverhältnisses durch Division durch den jeweiligen Gesamtdruck (*linke Ordinatenskala*). Auf der *rechten Ordinatenskala* kann die Höhe abgelesen werden

wachsender Breite immer schräger und damit ineffektiver einfällt. Würde man nach dieser Berechnung alle Ozon-Moleküle in einer homogenen Schicht an der Erdoberfläche konzentrieren, so hätte diese am Äquator eine Dicke von nur etwa 2,5 Millimetern, und diese Schichtdicke würde zu den Polen hin noch geringer werden. Die Tatsache, daß die Moleküle der Ozon-Schicht, die sich über den vertikalen Höhenbereich von über 50 km erstreckt, an der Erdoberfläche komprimiert eine nur wenige Millimeter dicke Schicht ergeben würde, zeigt, daß Ozon tatsächlich nur ein Spurengas ist. In der mittleren Atmosphäre liegen seine höchsten Volumenanteile im parts-per-million-Bereich (1 ppm $= 10^{-6}$), das heißt, in einer Million Luftmoleküle kommen jeweils nur einige Ozon-Moleküle vor.

Tatsächlich sieht die *gemessene Ozon-Verteilung* ganz anders aus. Abbildung 6 zeigt Vertikalprofile für verschiedene Breiten der Nordhalbkugel, die aus vielen Einzelmessungen durch Mittelung erzielt wurden[29]. Die Ordinate ist als Höhenskala in km (rechts) bzw. Druckskala in Millibar (links) geteilt. Auf der Abzisse ist der Ozon-Partialdruck in Nanobar (10^{-9} bar) aufgetragen. (Diese Art der Auftragung hat den Vorteil, daß man für jeden Punkt des Ozonprofils sofort das Volumenmischungsverhältnis durch Division des Ozon-Partialdrucks durch den jeweiligen

Gesamtdruck erhält.) Die beiden Teilbilder für Spätwinter (Februar: links) und Spätsommer (August: rechts) veranschaulichen auch die jahreszeitliche Variation der Ozonschicht.

Die Äquatorprofile entsprechen ungefähr der Ozon-Verteilung, die sich ohne Berücksichtigung der Transporte ergeben würde. Man erkennt auch, daß in Höhen oberhalb 25 km der Ozon-Partialdruck von niederen zu hohen Breiten abnimmt, wie es sich nach der reinen Photochemie ergibt. In der unteren Stratosphäre dagegen nimmt der Ozon-Partialdruck zu allen Jahreszeiten, besonders aber im Spätwinter, vom Äquator zum Nordpol hin stark zu. Mit wachsender Breite füllt sich die untere Stratosphäre mehr und mehr mit Ozon, das Konzentrationsmaximum sinkt ab, und es kommt gelegentlich zur Ausbildung eines zweiten Maximums. Die tatsächliche Ozonschichtdicke nimmt von etwa 2,5 Millimetern am Äquator bis auf 4,5 bis 5,5 Millimeter je nach Jahreszeit in hohen nördlichen Breiten zu, und dies steht im Widerspruch zur reinen Photochemie.

Die Ursache für dieses photochemische Ungleichgewicht ist die allgemeine Zirkulation, welche laufend Ozon aus dem Hauptquellgebiet, der oberen Stratosphäre der Tropen, polwärts und gleichzeitig in niedere Höhen verfrachtet. Die Natur dieser Transportprozesse ist bekannt, wobei wesentliche Informationen aus dem Studium der Ausbreitung radioaktiver Spaltprodukte atmosphärischer Kernwaffentests gewonnen werden konnten. So konnte Newell [30] zeigen, daß in weiten Bereichen der unteren und mittleren nördlichen Stratosphäre ein polwärts gerichteter Transport vorherrscht, der mit einem Absinken der Luftmassen verbunden ist. Ein Sinken um einige Kilometer ist dabei mit einem Horizontaltransport von tausenden von Kilometern verbunden. Man spricht daher, da der Neigungswinkel der Ausbreitungsebene so gering ist, von einem quasi-horizontalen Transport. In der Stratosphäre, die wegen der Temperaturzunahme mit der Höhe wie eine riesige Inversionsschicht wirkt, die den Vertikalaustausch nahezu unterbindet, ist der quasi-horizontale Transport der wichtigste Prozeß, der eine vertikale Durchmischung bewirkt. Als Folge dieser jahreszeitabhängigen dynamischen Prozesse, die im Spätwinter am stärksten ausgeprägt sind, füllt sich die untere Stratosphäre, wie die Abb. 6 verdeutlicht, gegen höhere Breiten mehr und mehr mit Ozon. Dieses kann sich in diesem Höhenbereich wegen der dort außerordentlich langen Relaxationszeit photochemisch geschützt anreichern.

In der Mesosphäre und oberen Stratosphäre oberhalb etwa 35 km, wo die Relaxationszeit nur in der Größenordnung Sekunden bis Stunden beträgt, herrscht photochemisches Gleichgewicht, und die atmosphärische Dynamik hat keinen wesentlichen Einfluß auf die Ozon-Verteilung. So wird dort auch der eben beschriebene Ozon-Abfluß nach unten und in höheren Breiten ständig durch photochemische Neuproduktion von Ozon kompensiert. In der unteren Stratosphäre unterhalb 20 km wird dagegen die Ozon-Verteilung fast ausschließlich durch die atmosphärische Dynamik bestimmt. Dazwischen, im Höhenbereich zwischen ungefähr 20 km und 35 km, sind photochemische und dynamische Prozesse etwa von gleicher Bedeutung.

Die Ozonschichtdicke, die man auch als *Gesamt-Ozonbetrag* bezeichnet, wird seit Ende der fünfziger Jahre von einem weltweiten Netz von Bodenstationen aus laufend gemessen. Einige Meßreihen reichen noch weiter zurück, diejenigen der Stationen Arosa, Oxford und Tromsö sogar bis in die dreißiger Jahre. Mit Hilfe von Quarzglasspektrometern, entwickelt von G. M. B. Dobson, einem britischen Pionier der Ozon-Forschung (Dobson-Spektrometer), seit einigen Jahren zusätzlich mit Filterspektrometern, wird dabei vom Boden aus das Intensitätsverhältnis zweier UV-Spektralbereiche unterschiedlicher Ozon-Absorption gemessen und daraus der Gesamtozonbetrag berechnet. Als Lichtquelle dient dabei sowohl die Sonne selbst wie deren Streulicht aus dem Zenit, letzteres gestattet bei niedrigen Sonnenständen zusätzlich die Bestimmung der vertikalen Ozon-Verteilung mit Hilfe eines analytischen Verfahrens (Umkehrmethode).

Der Nachteil der bodengebundenen Techniken, die Konzentration der Stationen in den Industrieländern und das völlige Fehlen von Beobachtungen über den Ozeanen, vor allem auf der Südhalbkugel, wird seit einigen Jahren durch globale Ozon-Messungen von Satelliten aus wettgemacht. Gemessen wird hierbei entweder die atmosphärische Infrarotemission im Bereich von 9,6 µm, wo Ozon ebenfalls Strahlung absorbiert, oder die von der Atmosphäre, den Wolken und der Erdoberfläche zurückgestreute UV-Strahlung in zwei Wellenlängenbereichen unterschiedlicher Ozon-Absorption. Die Infrarottechnik hat dabei den Vorteil, daß sie gegenüber allen anderen optischen Verfahren, die Sonnenstrahlung als Lichtquelle benötigen, auch Meßdaten auf der Nachtseite der Erde erzielt.

Die Breitenabhängigkeit der Ozon-Schichtdicke und ihre jahreszeitliche Variation wird durch Abb. 7 verdeutlicht, in der Monatsmittel der Gesamtozonwerte, die aus Satellitenmessungen der Infrarotemission (IRIS) und der UV-Rückstreuung (BUV) gewonnen wurden, zusammen mit Meßdaten, die vom Boden aus mit Spektrographen erzielt wurden, über der geographischen Breite aufgetragen sind. Die Schichtdicke ist hier nicht in Millimetern, sondern in Dobson-Einheiten (Dobson Units, D.U.) angegeben (100 D.U. entsprechen 1 mm Schichtdicke). In den Tropen ist die Ozon-Schichtdicke mit etwa 250 D.U. über das ganze Jahr nahezu konstant. Die jahreszeitliche Variation, überwiegend eine Folge der Transportprozesse, ist am stärksten in den mittleren und hohen Breiten ausgeprägt. Auf der Nordhalbkugel nimmt der Gesamtozonbetrag mit

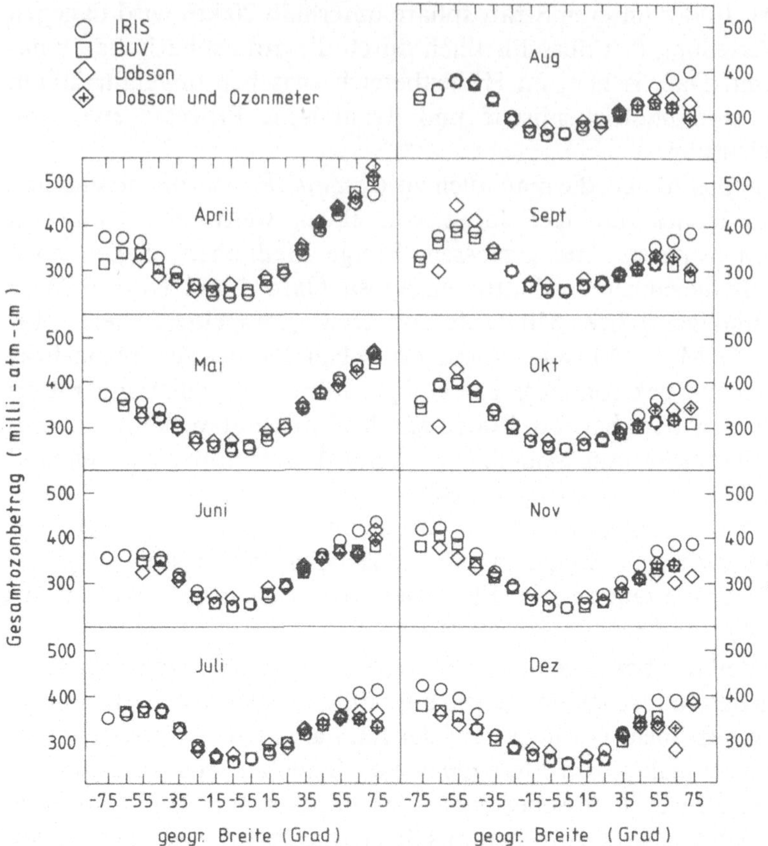

Abb. 7. Ozon-Schichtdicke als Funktion der geographischen Breite und ihre Veränderungen im Laufe des Jahres nach Satellitenmessungen mit Infrarot (IRIS) und UV-Techniken (BUV) sowie Messungen vom Erdboden aus (Dobson, Ozonometer). (Nach [31])

wachsender Breite praktisch bis zum Nordpol zu, wobei der meridionale Gradient im Spätwinter, wenn die statosphärischen Transporte am effektivsten sind, am größten ist. (In hohen Breiten weichen die gezeigten Meßdaten deutlich voneinander ab. Dort sind bezüglich der Meßgenauigkeit die Infrarot-Satellitendaten IRIS gegenüber den anderen Techniken, die vom Wettergeschehen abhängig sind, überlegen.)

Auf der Südhalbkugel nimmt die Ozon-Schichtdicke nur bis zu einem Maximum bei etwa 55 °S zu und von da zum Südpol wieder etwas ab. Diese Asymmetrie im Vergleich zur Nordhalbkugel ist ebenfalls ein dynamischer Effekt und beruht darauf, daß auf Grund der unterschiedlichen Land-See-Verteilung die allgemeine Zirkulation beider Hemisphären nicht symmetrisch abläuft.

2.3 Die katalytischen Ozon-Abbaureaktionen

Mit Hilfe von Großrechnern sind wir heute in der Lage, die globale Ozon-Verteilung zu berechnen, die sich aus den in Abschnitt 2.1 diskutierten Sauerstoff-Reaktionen im Zusammenwirken mit den Transportprozessen ergibt. Vergleicht man diese Ozon-Schicht mit den Meßergebnissen der Satellitensensoren und der bodengebundenen Spektrographen, so sieht man, daß man etwa 30 Prozent zuviel Ozon berechnet. Die Ozon-Schicht enthält etwa 30 Prozent weniger Ozon, als nach den reinen Sauerstoff-Reaktionen, die bereits 1930 von S. Chapman [32] formuliert wurden, herauskommt. Es müssen also noch andere ozon-zerstörende Prozesse im Spiel sein.

Tatsächlich wurden solche zusätzlichen Ozon-Abbaureaktionen in Form von katalytischen Prozessen identifiziert. Es gibt nämlich außer Sauerstoff und Stickstoff eine große Zahl von Spurengasen in der Atmosphäre. Zwar kommen diese, wie der Name Spurengas sagt, nur in ganz geringen Konzentrationen vor, aber in Bezug auf die Ozon-Schicht sind sie von großer Bedeutung. Einige dieser Spurengase wirken wie Katalysatoren auf die Ozon-Schicht. Durch ihre bloße Anwesenheit zerstören sie Ozon, ohne selbst dabei in Mitleidenschaft gezogen zu werden.

Diese katalytischen Reaktionen laufen größtenteils nach dem Schema, welches in Abb. 8 veranschaulicht ist. Im ersten Schritt reagiert der Katalysator, der hier mit X bezeichnet ist, mit Ozon und bildet das Zwischenprodukt XO und ein Sauerstoffmolekül O_2 (Reaktion (1)). In einem zweiten Schritt reagiert das Zwischenprodukt XO mit einem Sauerstoff-Atom O, wodurch der Katalysator X zurückgebildet wird und ein weiteres Sauerstoffmolekül entsteht (Reaktion (2)). Die Bilanz beider Schritte (1) + (2) zeigt, daß Ozon O_3 und atomarer Sauerstoff O in normalen Luftsauerstoff zurückverwandelt werden, ohne daß der Katalysator X dabei in Mitleidenschaft gezogen wird.

Als Katalysatoren für diese Prozesse wurden eine Reihe von Radikalen identifiziert, instabile Substanzen also, die in ihrer äußeren Elektronenschale ein ungepaartes Elektron besitzen und daher besonders reaktionsfähig sind [1]. In Bezug auf die Ozon-Schicht als Ganzes, also die Schichtdicke, ist der wichtigste natürlich vorkommende Katalysator das Stickoxid NO, das allein eine etwa 25-prozentige Reduktion bewirkt. Die anderen

---

[1] In der chemischen Formelschreibweise der freien Radikale wird die Position des ungepaarten Elektrons durch einen Punkt markiert, z. B. H; HO; HO$_2$. Auf diese exakte Notierung, die für die Stöchiometrie der im Folgenden diskutierten Radikalreaktionen ohne Bedeutung ist, wurde hier aus Gründen der Übersichtlichkeit verzichtet.

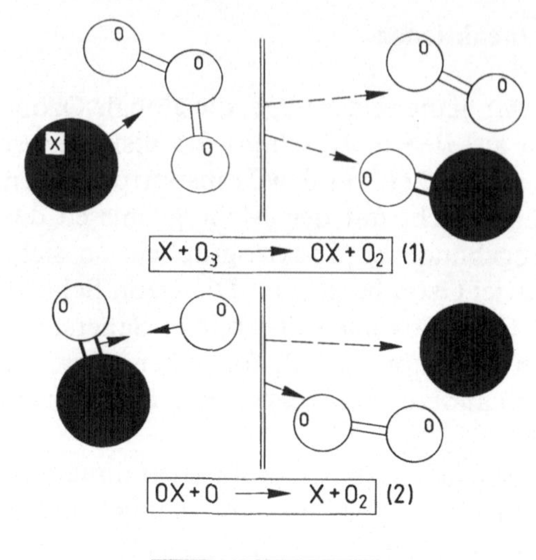

Abb. 8. Schema der katalytischen Ozon-Zerstörung. X = Katalysator (NO, H, OH, Cl)

identifizierten Katalysatoren, atomarer Wasserstoff H, das Hydroxyl OH sowie atomares Chlor Cl teilen sich in etwa 5 % Ozon-Reduktion. Damit ist die Diskrepanz um 30 %, die zwischen berechneter und gemessener Ozon-Schicht klaffte, geklärt.

Es sieht so aus, als ob die heute bekannten Reaktionen ausreichen, um die Ozon-Schicht quantitativ zu beschreiben.

Bei der in Abb. 8 schematisch dargestellten katalytischen Ozon-Zerstörung wird im zweiten Schritt der Katalysator X wieder zurückgebildet; man spricht deshalb auch von katalytischen Zyklen. Bei jedem Zyklus werden zwei „ungerade" Sauerstoff-Komponenten, nämlich ein Ozon-Molekül und ein Sauerstoff-Atom, in zwei „gerade" Sauerstoff-Moleküle zurückverwandelt. Der Katalysator wird dabei nicht aufgebraucht und kann daher, solange er nicht durch andere Reaktionen gebunden wird, viele Male den Zyklus durchlaufen.

Für die Radikale H und OH schreiben sich die „HO_x"-Zyklen [33] (der Index x kann die Werte 0,1 oder 2 annehmen) gemäß dem Schema in Abb. 8

$$H + O_3 \rightarrow OH + O_2$$
$$OH + O \rightarrow H + O_2 \qquad HO_x\text{-Zyklus 1}$$

$$OH + O_3 \rightarrow HO_2 + O_2$$
$$HO_2 + O \rightarrow OH + O_2 \qquad HO_x\text{-Zyklus 2}$$

$$\text{Netto: } O_3 + O \rightarrow O_2 + O_2$$

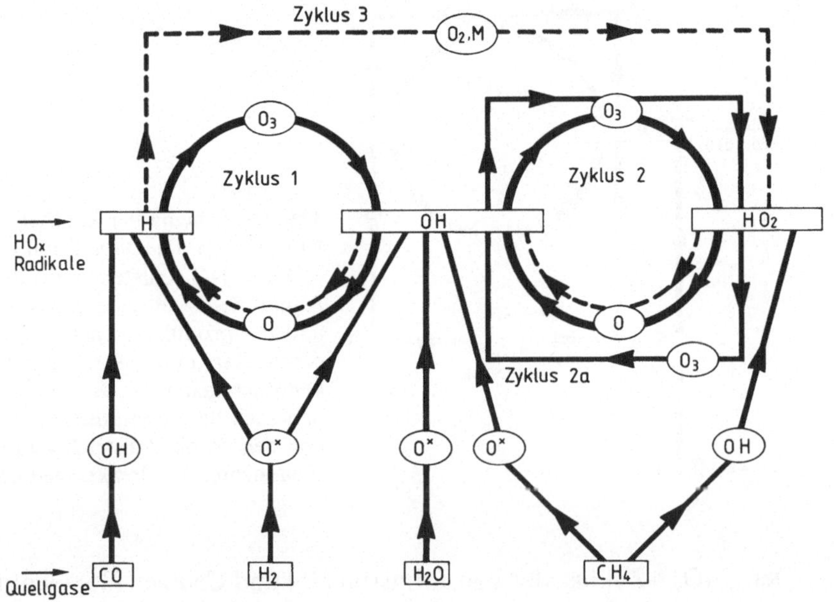

Abb. 9. Schema der katalytischen HO_x-Zyklen. Die HO_x-Radikale H, OH und HO_2 entstehen aus dem Abbau der Quellgase CO, H_2, H_2O und CH_4. Anfangs- und Endprodukte stehen in Rechtecken, Reaktanten sind durch Ovale kenntlich gemacht

Zusätzlich läuft unterhalb 30 km, wo die Ozon-Konzentration gegen diejenige des atomaren Sauerstoffs um mehr als vier Größenordnungen überwiegt, Zyklus 2 in modifizierter Form [34]

$$OH + O_3 \rightarrow HO_2 + O_2$$
$$HO_2 + O_3 \rightarrow OH + 2O_2 \qquad HO_x\text{-Zylus 2a}$$

Netto: $O_3 + O_3 \rightarrow 3O_2$

Oberhalb 40 km und in der Mesosphäre, wo die Konzentration von O und O_3 von gleicher Größenordnung sind bzw. die von O überwiegt, gewinnt dagegen zusätzlich der Zyklus

$$H + O_2 + M \rightarrow HO_2 + M$$
$$HO_2 + O \rightarrow OH + O_2 \qquad HO_x\text{-Zyklus 3}$$
$$OH + O \rightarrow H + O_2$$

Netto: $O + O \rightarrow O_2$

an Bedeutung [34] (M bezeichnet hier analog zu Abb. 3 einen Stoßpartner, der zur Abführung überschüssiger Energie nötig ist.) Die HO_x-Zyklen sind schematisch in Abb. 9 dargestellt, wobei die Hauptzyklen 1 und 2, die dem Schema der Abb. 8 entsprechen, besonders hervorgehoben sind.

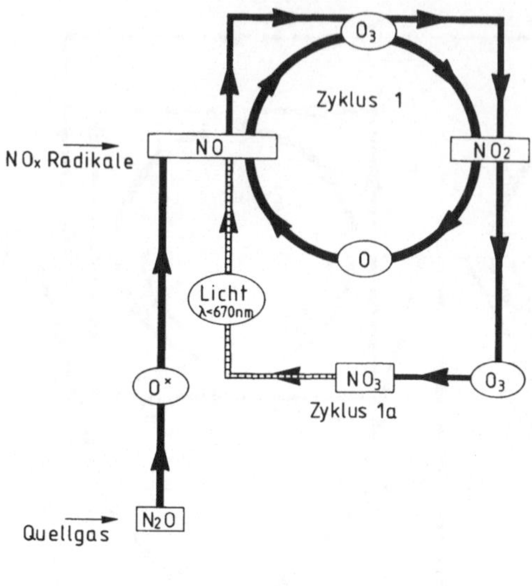

Abb. 10. Schema der katalytischen NO_x-Zyklen. Die NO_x-Radikale NO und NO_2 entstehen aus dem Abbau des Quellgases N_2O. Anfangs- und Endprodukte stehen in Rechtecken, Reaktanten sind durch Ovale kenntlich gemacht. Die Lichtreaktion hebt sich durch besondere Schraffur von den durch Vollstrich veranschaulichten Stoßreaktionen ab

Der „NO_x"-Zyklus, der von Johnston [35] und Crutzen [36] identifiziert wurde, schreibt sich nach dem Schema der Abb. 8

$$NO + O_3 \quad\rightarrow NO_2 + O_2$$
$$NO_2 + O \quad\rightarrow NO + O_2 \qquad NO_x\text{-Zyklus 1}$$

Netto: $O_3 + O \quad\rightarrow O_2 + O_2$

Zusätzlich erlangt in der unteren Stratosphäre aus den gleichen Gründen wie der HO_x-Zyklus 2a der folgende NO_x-Zyklus Bedeutung

$$NO + O_3 \quad\rightarrow NO_2 + O_2$$
$$NO_2 + O_3 \quad\rightarrow NO_3 + O_2 \qquad NO_x\text{-Zyklus 1a}$$
$$NO_3 + Licht \rightarrow NO + O_2$$

Netto: $O_3 + O_3 + Licht \rightarrow 3O_2$

Hierbei entsteht das Zwischenprodukt NO_3, das durch Sonnenlicht bis zu 670 nm Wellenlänge photodissoziiert wird. Ein Schema der NO_x-Zyklen ist in Abb. 10 dargestellt.

Der „ClO_x-Zyklus [37] läuft als

$$Cl + O_3 \quad\rightarrow ClO + O_2$$
$$ClO + O \quad\rightarrow Cl + O_2 \qquad ClO_x\text{-Zyklus}$$

Netto: $O_3 + O \quad\rightarrow O_2 + O_2$

Er ist schematisch in Abb. 11 dargestellt.

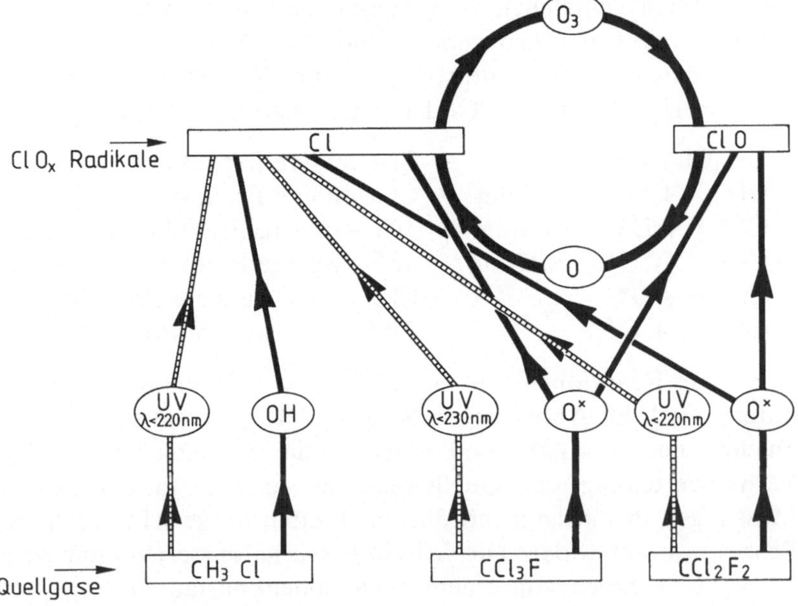

Abb. 11. Schema des katalytischen ClO_x-Zyklus. Die ClO_x-Radikale Cl und ClO entstehen aus dem Abbau der Quellgase CH_3Cl, CCl_3F, CCl_2F_2 und weiterer hier nicht aufgeführter halogenierter Kohlenwasserstoffe (Abschnitt 4.5). Für weitere Erläuterungen s. Abb. 10

Die NO_x-, HO_x- und ClO_x-Radikale entstehen beim Abbau von langlebigen Spurengasen, die aus der Troposphäre stammen und als Quellgase bezeichnet werden (s. Abschnitt 3.3). Verhältnismäßig reaktionsträge und damit stabil in der Troposphäre, gelangen die Quellgase durch Mischungsprozesse in die Stratosphäre, wo sie durch UV-Strahlung sowie Reaktionen mit angeregtem atomarem Sauerstoff und OH-Radikalen abgebaut werden.

So bilden sich NO_x-Radikale aus dem natürlichen Quellgas Distickstoff-Oxid (N_2O), das durch Mikroorganismen im Erdboden gebildet wird:

$$N_2O + O^* \rightarrow 2NO \qquad \text{(s. Abb. 10)}.$$

Quellgase für die HO_x-Radikale sind Wasserdampf (H_2O), Methan (CH_4), Wasserstoff (H_2) und Kohlenmonoxid (CO), und die wichtigsten direkten Bildungsreaktionen sind

$$H_2O + O^* \rightarrow 2OH,$$
$$CH_4 + O^* \rightarrow OH + \text{andere Produkte},$$
$$H_2 + O^* \rightarrow H + OH,$$
$$CO + OH \rightarrow CO_2 + H.$$

ClO_x-Radikale entstehen beim Abbau von Methylchlorid (CH_3Cl), das in großen Mengen im Ozean gebildet und an die Atmosphäre abgegeben wird, sowie einer Reihe rein anthropogener Quellgase (s. Abschnitt 4) wie der Chlor-Fluor-Methane CFC-11 (CCl_3F) und CFC-12 (CCl_2F_2):

$$CH_3Cl + OH \rightarrow Cl + \text{andere Produkte,}$$
$$CH_3Cl + \text{UV-Strahlung} \rightarrow Cl + \text{andere Produkte,} \ \lambda < 220 \ \text{nm,}$$
$$CCl_3F + \text{UV-Strahlung} \rightarrow 3Cl + \text{andere Produkte,} \ \lambda < 230 \ \text{nm,}$$
$$CCl_2F_2 + \text{UV-Strahlung} \rightarrow 2Cl + \text{andere Produkte,} \ \lambda < 220 \ \text{nm,}$$
$$CCl_3F + O^* \rightarrow ClO + 2Cl + \text{andere Produkte,}$$
$$CCl_2F_2 + O^* \rightarrow ClO + Cl + \text{andere Produkte.}$$

Alle diese Reaktionen, die zur Bildung von Radikalen führen, sind im unteren Teil der Abbildungen 9, 10 und 11 schematisch dargestellt. Die Quellen der Radikale sind zugleich die Senken der Quellgase. Die Vertikalverteilung der Quellgase, wie sie z. B. in der Abb. 12 nach Messungen in mittleren nördlichen Breiten dargestellt ist, spiegelt diese Prozesse direkt wider: Die Mischungsverhältnisse (Volumenanteile) der Quellgase nehmen von einem etwa höhenkonstanten troposphärischen Wert oberhalb der Tropopause nach oben hin ab. Dieser Abfall ist die Folge der Abbauprozesse, die zur Bildung der Radikale führen. Die Vertikalprofile entsprechen einem stationären Gleichgewicht zwischen den Abbauprozessen und der Nachlieferung von unten auf Grund der atmosphärischen Dynamik. Als einziges Quellgas zeigt CO oberhalb 20 km einen erneuten Anstieg des Mischungsverhältnisses, der auf eine weitere CO-Quelle in größeren Höhen hindeutet. Tatsächlich wird in der oberen Stratosphäre und in der Mesosphäre CO durch Photolyse von CO_2 gebildet, dazu kommt die CO-Produktion aus der Oxidation von Methan (s. Abschnitt 3.2). Der in Abb. 12 gezeigte Anstieg des Mischungsverhältnisses setzt sich bis zur Mesopause fort. Nach neuesten Messungen mit Hilfe der Mikrowellentechnik [41] erreicht das CO-Mischungsverhältnis in 80 km Höhe Werte um 2 ppm (parts per million = 10^{-6}, bezogen auf das Volumen), die sogar beträchtlich über den troposphärischen Mischungsverhältnissen liegen. Auf die anderen in Abb. 12 gezeigten Quellgasprofile, es handelt sich hierbei fast durchweg um Substanzen anthropogener Herkunft, wird in Abschnitt 4.5 eingegangen.

Der relative Beitrag der katalytischen Reaktionen zum Ozon-Abbau ist sehr unterschiedlich und hängt unter anderem von der Höhe ab. In Tabelle 3 sind die relativen Beiträge der einzelnen Zyklen nach Berechnungen mit einem eindimensionalen Modell für verschiedene stratosphärische Höhen zusammengestellt [34]. Die NO_x-Zyklen dominieren im unteren Teil der Stratosphäre, wo das Konzentrationsmaximum der Ozon-Schicht liegt, mit Werten um 70 %. Etwa 70 % der photochemisch gebildeten

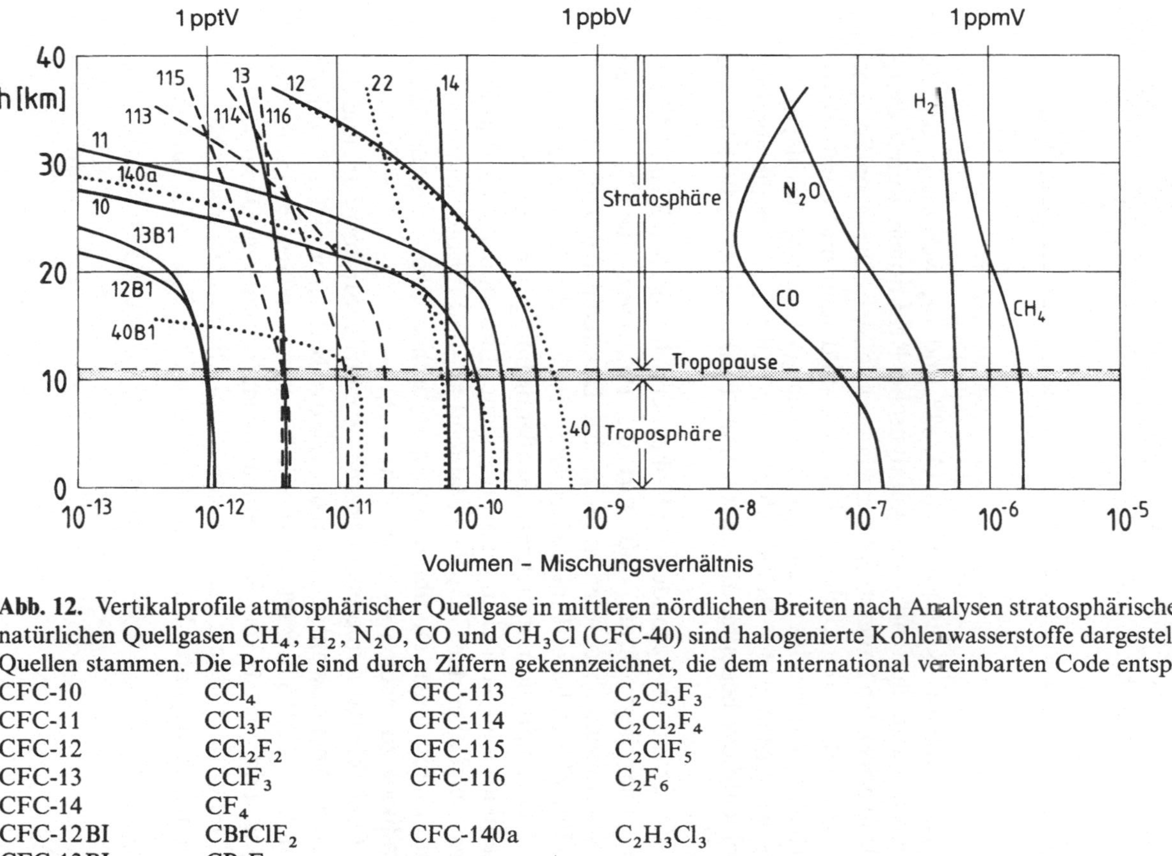

Abb. 12. Vertikalprofile atmosphärischer Quellgase in mittleren nördlichen Breiten nach Analysen stratosphärischer Luftproben. Neben den natürlichen Quellgasen CH_4, H_2, N_2O, CO und CH_3Cl (CFC-40) sind halogenierte Kohlenwasserstoffe dargestellt, die aus anthropogenen Quellen stammen. Die Profile sind durch Ziffern gekennzeichnet, die dem international vereinbarten Code entsprechen. Es bedeuten:

CFC-10	CCl_4	CFC-113	$C_2Cl_3F_3$
CFC-11	CCl_3F	CFC-114	$C_2Cl_2F_4$
CFC-12	CCl_2F_2	CFC-115	C_2ClF_5
CFC-13	$CClF_3$	CFC-116	C_2F_6
CFC-14	CF_4		
CFC-12 BI	$CBrClF_2$	CFC-140a	$C_2H_3Cl_3$
CFC-13 BI	$CBrF_3$		
CFC-22	$CHClF_2$		
CFC-40	CH_3Cl		
CFC-40 BI	CH_3Br		

Diese Darstellung veranschaulicht, daß neben Methylchlorid, CFC-11 und CFC-12 eine ganze Reihe weiterer chlorierter Kohlenwasserstoffe zum stratosphärischen Chlor-Budget beitragen. Siehe auch Abschnitt 4.5. Nach [38–40]

Tabelle 3. Relativer Beitrag der katalytischen Reaktionen zum Ozon-Abbau, gemittelt über den vollen Tageszyklus [34]. Die Prozentzahlen beziehen sich auf die Produktionsrate von ungeraden Sauerstoff-Komponenten (s. Abschnitt 2.1)

Höhe [km]	NO_x-Zyklen [%]	ClO_x-Zyklus [%]	HO_x-Zyklen [%]
50	7	4	52
45	24	10	31
40	53	16	10
35	68	13	5
30	69	8	5
25	78	5	9
20	70	1	27

ungeraden Sauerstoff-Komponenten O, O* und O_3 werden in diesem Höhenbereich also laufend über katalytische Reaktionen durch NO_x-Radikale in normalen Sauerstoff O_2 zurückverwandelt. Die Ozon-Schicht, die aus dem stationären Gleichgewicht ozon-bildender und ozon-zerstörender Reaktionen resultiert, enthält also weniger Ozon-Moleküle, als es ohne die Anwesenheit der NO_x-Radikale der Fall wäre. Für die gesamte Ozon-Schichtdicke bedeutet dies, wie schon erwähnt, eine Reduktion von etwa 25%.

Der ClO_x-Zyklus ist besonders im Höhenbereich zwischen 35 und 45 km wirksam. Dies liegt daran, daß dort die Photolyse, die Cl aus den Quellgasen freisetzt, besonders intensiv ist. Dennoch überwiegt auch in diesem Höhenbereich der Einfluß der NO_x-Zyklen, da die Konzentrationen der NO_x-Radikale um mehrere Größenordnungen höher als die der ClO_x-Radikale sind. Auf Grund anthropogener Emissionen chlor-haltiger Quellgase steigt aber der ClO_x-Pegel laufend an, und für die kommenden Jahrzente ist mit einer Zunahme des katalytischen Ozon-Abbaus durch ClO_x-Radikale zu rechnen (s. Abschnitt 4.5).

Die HO_x-Zyklen dominieren im oberen Bereich der Stratosphäre und der Mesosphäre. Aber obwohl in 50 km der relative Beitrag der HO_x-Radikale am Ozon-Abbau 52% beträgt, wirkt sich dieser auf den Gesamtozonbetrag nur geringfügig aus, da das Konzentrationsmaximum der Ozon-Schicht sehr viel tiefer liegt. Die Zunahme der Ozon-Abbauraten durch HO_x in der unteren Stratosphäre (Tabelle 3) ist auf den HO_x-Zyklus 2a zurückzuführen.

2.4 Die Verkoppelung der katalytischen Ozon-Abbauzyklen und die Reservoir- und Senkengase

Nach den im vorigen Abschnitt diskutierten Mechanismen ist es plausibel, daß die Ozon-Schicht reduziert werden kann, wenn die Konzentration eines der Katalysatoren zunimmt. Hierbei kann es sich sowohl um natürliche wie um anthropogene Effekte handeln, durch die zusätzlich ozon-zerstörende Radikale in die Ozon-Schicht injiziert werden. So entstehen NO_x-Radikale auch durch Wechselwirkung geladener Partikel mit den Bestandteilen der Atmosphäre. Bei starken Eruptionen auf der Sonne fallen kurzfristig erhöhte Partikelflüsse in der Atmosphäre ein und führen so zu einer Erhöhung der NO_x-Konzentrationen, insbesondere in polaren Regionen, wo die abschirmende Wirkung des Erdmagnetfeldes gering ist (Abschnitt 2.6). Große Mengen von Stickoxiden werden aus Triebwerken von Flugzeugen ausgestoßen. Johnston [35] war der Erste, der Anfang der siebziger Jahre auf eine derartige Gefährdung der Ozon-Schicht hinwies. Er berechnete, daß 2 Millionen Tonnen Stickoxid, pro Jahr aus den Triebwerken einer damals für die neunziger Jahre projektierten Flotte von 500 zivilen Überschallflugzeugen des Typs Boeing in der Stratosphäre ausgestoßen, die Ozon-Schicht um etwa 50% reduzieren würden. Beachtliche Mengen Stickoxid werden auch im Feuerball energiereicher Kernwaffenexplosionen erzeugt [42] und durch den Rauchpilz in die Stratosphäre getragen, wo sie die katalytischen Ozon-Zerstörung beschleunigen können. Die Konzentration der Radikale kann aber auch indirekt durch verstärkte Quellgasemission an der Erdoberfläche erhöht werden. So alarmierten Molina und Rowland 1974 die Weltöffentlichkeit mit einer Hypothese, wonach der steigende Verbrauch großer Mengen von Chlor-Fluor-Methanen zu einer Reduktion der Ozon-Schicht führen kann [43]. Hier sind es vor allem die ClO_xQuellgase CFC-11 (CCl_3F) und CFC-12 (CCl_2F_2), von denen zur Zeit pro Jahr etwa 700 000 Tonnen als Treibgas aus Sprühdosen, aus defekten Kälteanlagen und bei Schäumungsprozessen weltweit in die Atmosphäre abgelassen werden. Auch der ständig wachsende Weltverbrauch von Stickstoffdünger kann, wie zuerst von McElroy [44] gezeigt wurde, über den Anstieg der Konzentration des NO_x-Quellgases N_2O in der Atmosphäre langfristig zu einer Reduktion der Ozon-Schicht führen. (Eine eingehende Diskussion des möglichen Einflusses menschlicher Aktivitäten auf die Ozon-Schicht wird in Abschnitt 4 gegeben).

Es wäre aber falsch, zur Berechnung derartiger Störeffekte nur den betreffenden katalytischen Zyklus zu berücksichtigen. Vielmehr sind die HO_x-, NO_x- und ClO_x-Zyklen innig miteinander verkoppelt, was dazu führt, daß eine zusätzliche Injektion eines bestimmten Katalysators nicht notwendigerweise zu einer entsprechenden Verminderung der Ozon-

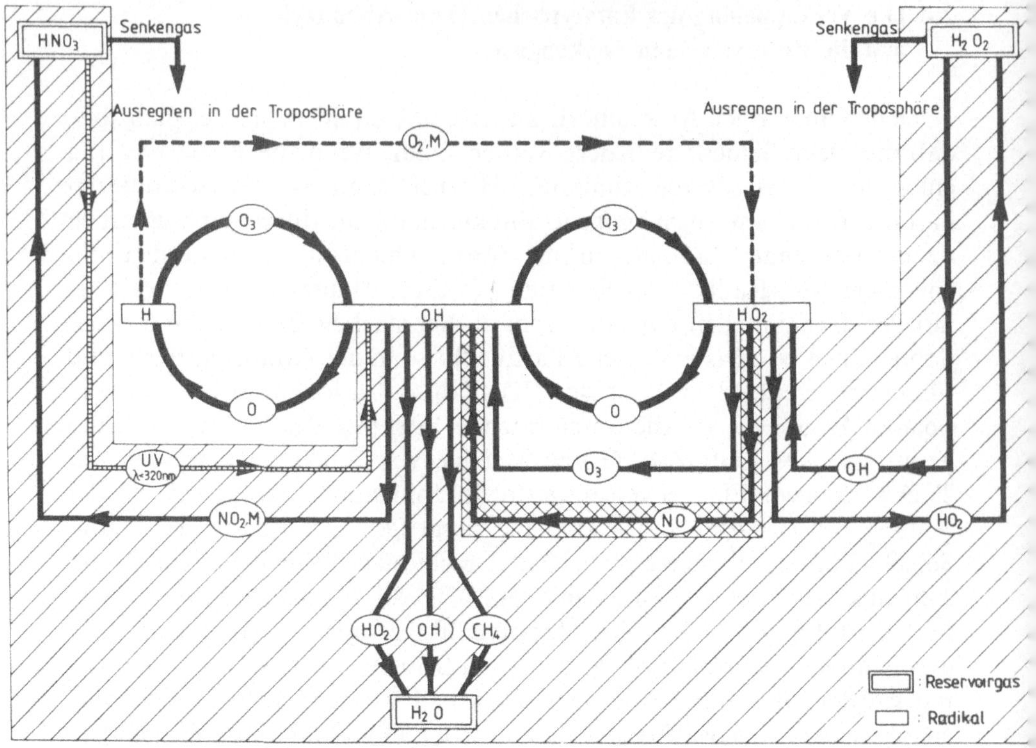

Abb. 13. Schema der HO_x-Zyklen und der Kopplungsreaktionen. Kopplungsreaktionen I = einfach schraffiert; Kopplungsreaktionen II = doppelt schraffiert

Konzentration über den betreffenden Abbauzyklus führen muß, da je nach Konzentration der Radikale der anderen Zyklen eine teilweise Kompensation der Störung erfolgen kann. So mußten in der Vergangenheit die prognostizierten Ozon-Abbauarten mehrmals erheblich revidiert werden, insbesondere weil neue oder in ihrer Reaktionsgeschwindigkeit geänderte Kopplungsreaktionen bekannt wurden. Besonders kraß fielen diese Revisionen für den Einfluß der Stickoxid-Emission einer Flotte von Überschallflugzeugen aus. Die von Johnston ohne Kopplung des NO_x-Zyklus mit den anderen Zyklen berechnete Ozon-Verminderung von 50 Prozent reduzierte sich auf weniger als 10%, und für niedrigere Flughöhen ergibt sich nach heutiger Sicht sogar eine leichte Ozon-Zunahme [34] (s. Abschnitt 4.4).

In den Abbildungen 13, 14 und 15 sind die wichtigsten Kopplungsreaktionen schematisch dargestellt, wobei die katalytischen Zyklen von den Abbildungen 9 bis 11 übernommen wurden. Es gibt zwei Arten der Kopplung, die in den Abbildungen 13 bis 15 durch unterschiedliche Schraffur markiert sind. Die Koppelung der ersten Art (I) umfaßt Reak-

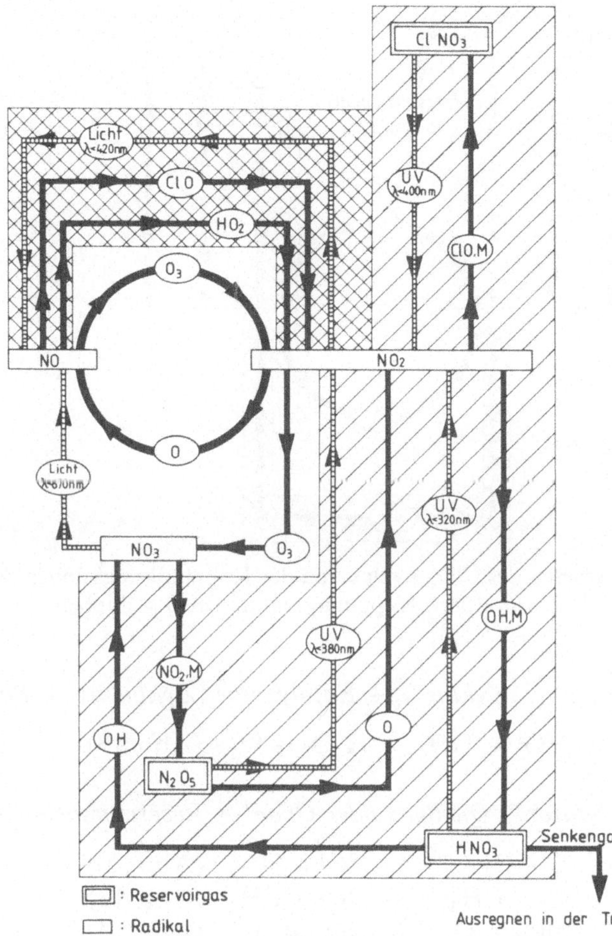

Abb. 14. Schema der NO_x-Zyklen und der Kopplungsreaktionen. Kopplungsreaktionen I = einfach schraffiert; Kopplungsreaktionen II = doppelt schraffiert

tionen von Katalysatoren mit Katalysatoren, Quellgasen oder Ozon, wobei als Reaktionsprodukte neue Substanzen entstehen, die in Bezug auf die katalytische Ozon-Zerstörung inaktiv sind. Diese inaktiven Substanzen, auch Reservoirsubstanzen genannt, stehen in doppelt umrahmten Rechtecken. Folgende Typen von Reaktionen sind hier wichtig:

A. Katalysator (Zyklus a) + Katalysator (Zyklus b) → Reservoirsubstanz

Beispiele:
$$NO_2 + OH + M \rightarrow HNO_3 + M \quad \text{(Abb. 13, 14)},$$
$$NO_2 + ClO + M \rightarrow ClNO_3 + M \quad \text{(Abb. 14, 15)},$$
$$Cl + HO_2 \rightarrow HCl + O_2 \quad \text{(Abb. 15)}.$$

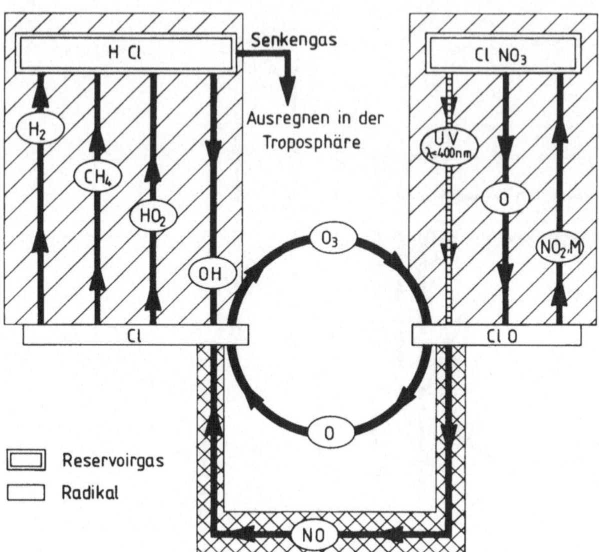

Abb. 15. Schema des ClO$_x$-Zyklus und der Kopplungsreaktionen. Kopplungsreaktionen I = einfach schraffiert; Kopplungsreaktionen II = doppelt schraffiert

B. Katalysator (Zyklus a) + Katalysator (Zyklus a) → Reservoirsubstanz

Beispiel: $HO_2 + HO_2 \rightarrow H_2O_2 + O_2$ (Abb. 13).

C. Katalysator + Quellgas oder Ozon → Reservoirsubstanz

Beispiele: $Cl + H_2 \rightarrow HCl + H$ (Abb 15),
$Cl + CH_4 \rightarrow HCl + CH_3$ (Abb. 15),
$NO_2 + O_3 \rightarrow NO_3 + O_2$ (Abb. 14).

Der Wasserdampf spielt eine Doppelrolle: Er ist zum einen Quellgas, aus dem über die Reaktion mit O* OH gebildet wird. Zum anderen gehört H_2O auch in die Gruppe der Reservoirsubstanzen, da es über Kopplungsreaktionen der ersten Art gebildet wird:

$OH + HO_2 \rightarrow H_2O + O_2$ (Typ B, Abb. 13),
$OH + OH \rightarrow H_2O + O$ (Typ B, Abb. 13),
$OH + CH_4 \rightarrow H_2O + CH_3$ (Typ C, Abb. 13).

Die in Bezug auf den katalytischen Ozon-Abbau inaktiven Reservoirsubstanzen werden durch Photolyse sowie Reaktionen mit O und OH wieder in aktive Radikale übergeführt. Sie stellen gleichsam einen Puffer dar, in dem Katalysatoren in Form inaktiver Verbindungen zeitweise gespeichert werden. HNO_3, HCl und H_2O_2 sind wasserlöslich und werden in dem Maße, in dem sie durch Mischungsprozesse in die Troposphäre gelangen, im Niederschlag ausgeregnet. Dieser mit „Ausregnen in der Troposphäre" in den Abbildungen 13 bis 15 markierte Prozeß ist der Verlustmechanismus, durch den die permanente Nachlieferung von Quellgasen kompensiert und damit der Kreislauf geschlossen wird. Man nennt deshalb die Gase HNO_3, HCl und H_2O_2 auch „*Senkengase*". Im stationären Gleichgewicht muß der Zufluß von HO_x-, NO_x- und ClO_x-Verbindungen, die über die Quellgase in die Stratosphäre gelangen, durch einen entsprechenden Verlust über die Senkengase kompensiert werden.

Die Kopplungsreaktionen der zweiten Art (II) sind solche, bei denen ein Radikal X übergeführt wird in XO (oder auch umgekehrt XO → X), ohne daß dabei der entsprechende Ozon-Abbaupfad durchlaufen wird. Ganz besonders wichtig sind hier Reaktionen vom Typ

$$X \text{ (Zyklus a)} + XO \text{ (Zyklus b)} \rightarrow XO \text{ (Zyklus a)} + X \text{ (Zyklus b)},$$

da hierdurch der katalytische Ozon-Abbau in zwei Zyklen gleichzeitig übersprungen wird. Beispiele hierfür sind die Reaktionen

$$NO + ClO \rightarrow NO_2 + Cl \quad \text{(Abb. 14, 15)},$$
$$NO + HO_2 \rightarrow NO_2 + OH \quad \text{(Abb. 13, 14)}.$$

Die gleichen Reaktionen, die Reservoirsubstanzen abbauen, nämlich Photolyse sowie Reaktionen mit OH und O, führen zur Rückbildung der Radikale. Da diese Prozesse nur *im sonnenbeschienenen Teil der Atmosphäre* ablaufen (siehe 2.1), wächst tagsüber die Konzentration der Radikale auf Kosten der Reservoirsubstanzen, während nachts das Umgekehrte der Fall ist. Im tageszeitlichen Rhythmus findet ein periodisches „Umschaufeln" einer Stoffgruppe zur anderen statt, als dessen Folge starke tageszeitliche Variationen der Konzentrationen dieser kurzlebigen Substanzen auftreten. Entsprechend durchlaufen die HO_x-, NO_x- und ClO_x-Radikale ein Konzentrationsmaximum etwa um Mittag und ein Minimum in der Nacht. Für die Reservoirsubstanzen gilt gerade das Umgekehrte. Sie werden nur am Tage abgebaut und haben deshalb ihr Konzentrationsmaximum in der Nacht.

Abbildung 16 zeigt ein Beispiel, das mit Hilfe eines Modells berechnet wurde [45]. Über der Tageszeit sind die Molekülzahldichten der einzelnen Konstituenten, berechnet für 32 km Höhe und mittlere nördliche Breiten, in einem logarithmischen Maßstab aufgetragen (linkes Teilbild: Sommer, rechtes Teilbild: Herbst). Die Konzentration der Radikale H, Cl, OH und NO wächst rapide bei Sonnenaufgang und steigt bis Mittag weiter an. Der Abfall am Nachmittag und bei Sonnenuntergang ist entsprechend. Die Reservoirsubstanzen N_2O_5 und $ClNO_3$ zeigen dagegen ihr Tagesminimum bei Sonnenuntergang bzw. kurz nach Mittag und ihr Tagesmaximum kurz

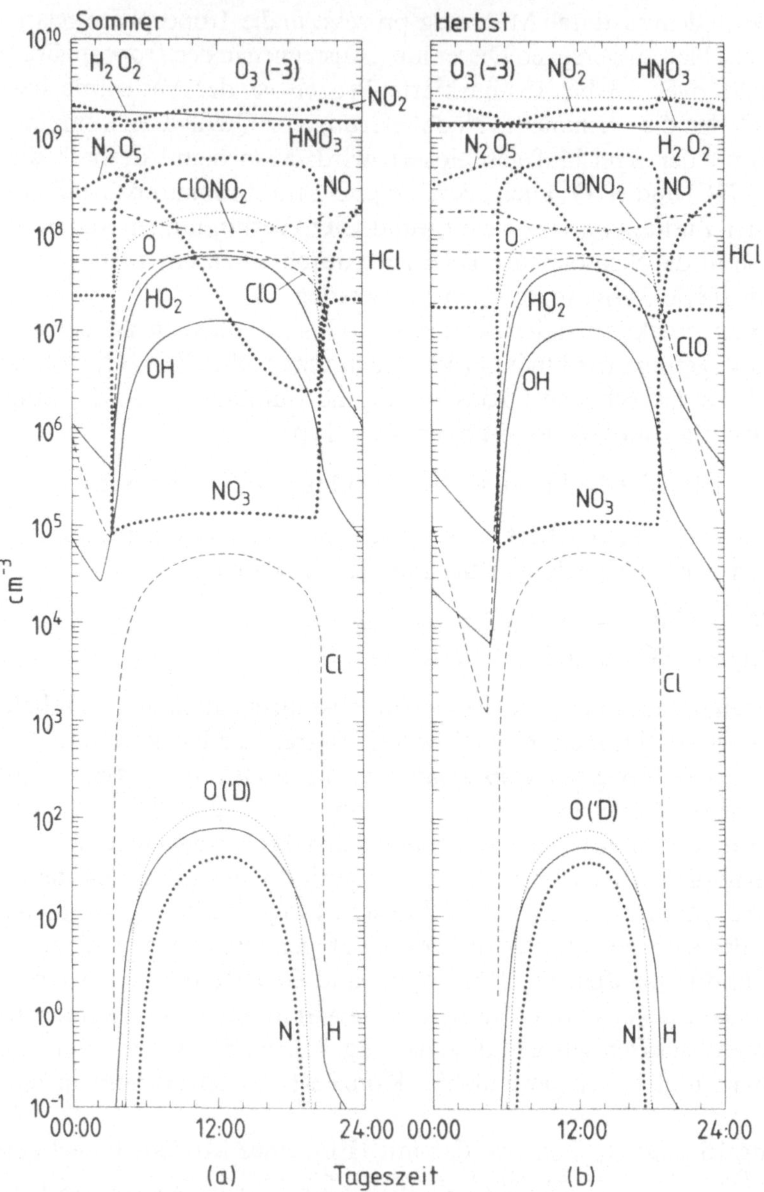

Abb. 16a, b. Tageszeitliche Variation der Konzentration der vom Modell berechneten Konstituenten für 47° N und 32 km für (**a**) Juni und (**b**) September. Die Konzentrationen für O_3 wurden aus Darstellungsgründen um 3 Zehnerpotenzen reduziert. (Nach [45])

vor Sonnenaufgang. Die anderen Reservoirsubstanzen HNO_3, HCl und H_2O_2 sind in dem hier gezeigten Höhenbereich relativ stabil, ihre tageszeitliche Variation erlangt erst in größeren Höhen merkliche Amplituden. Auch die Ozon-Konzentration, die hier aus Darstellungsgründen um 3 Zehnerpotenzen reduziert wurde, zeigt erst weiter oben, in der Mesosphäre, eine nennenswerte tageszeitliche Schwankung. Die Abb. 16 vermittelt zugleich einen Überblick über die Konzentrationsverhältnisse der HO_x-, NO_x- und ClO_x-Radikale und Reservoirsubstanzen sowie der ungeraden Sauerstoff-Komponenten zueinander.

Abschließend sei erwähnt, daß neben den in den Abbildungen 13 bis 15 schematisch dargestellten Reaktionen weitere Kopplungsreaktionen identifiziert wurden, die in den Abbildungen aus Gründen der Übersichtlichkeit fortgelassen sind. So gibt es eine weitere Kopplung erster Art zwischen den HO_x- und NO_x-Zyklen, die zur Bildung des Reservoir- und Senkengases HNO_4 führt

$$HO_2 + NO_2 + M \rightarrow HNO_4 + M\,.$$

Dieser Bildung laufen folgende Abbaureaktionen für HNO_4 entgegen

$$HNO_4 + OH \rightarrow H_2O + NO_2 + O_2\,,$$
$$HNO_4 + UV\ (\lambda < 330\,\text{nm}) \rightarrow HO_2 + NO_2\,.$$

Ein weiteres Reservoir- und Senkengas, HOCl, entsteht aus der Kopplungsreaktion erster Art zwischen den HO_x- und ClO_x-Zyklen

$$HO_2 + ClO \rightarrow HOCl + O_2\,.$$

Dieser Bildungsreaktion wirkt der Abbau durch Photolyse entgegen

$$HOCl + Licht\ (\lambda < 420\,\text{nm}) \rightarrow Cl + OH\,.$$

Weder HNO_4 noch HOCl konnten bisher in der Atmosphäre durch Messungen identifiziert werden. Ihre Existenz, die sich aus Modellrechnungen mit neuesten reaktionskinetischen Daten ergibt, scheint notwendig zu sein, um berechnete und gemessene Spurengaskonzentrationen besser in Einklang zu bringen.

2.5 Problematik der Modellrechnungen

Die Erforschung der katalytischen Ozon-Abbauzyklen und ihrer Verkopplungen ist ein recht junger Zweig der atmosphärischen Wissenschaften, der erst seit Anfang der siebziger Jahre besteht. Wesentliche Impulse gingen dabei 1971 von der historischen Arbeit von Johnston [35] aus, welche die Gefahr der Stickoxid-Emissionen von Überschallflugzeugen auf die Ozon-

Schicht aufzeigte und zu einem so großangelegten Forschungsprogramm wie dem amerikanischen *Climatic Impact Assessment Program* (CIAP) der Jahre 1972 bis 1975 führte. Auch in Westeuropa wurden parallel dazu Programme zur Erforschung der NO_x-Zyklen initiiert. 1974 erschien die zweite historische Arbeit, welche Molina und Rowland's Hypothese über den möglichen Ozon-Abbau durch Chlorfluormethane enthielt und weitere Forschungsprogramme in den USA und in Europa auslöste.

In beiden Fällen ging es darum, mögliche *zukünftige Änderungen der atmosphärischen Ozon-Schicht* als Folge menschlicher Aktivitäten zu berechnen, im ersten Fall auf Grund der Injektion von NO_x-Radikalen in die Stratosphäre, im zweiten Fall auf Grund des Freisetzens chlor-haltiger Quellgase an der Erdoberfläche, aus denen sich in der Stratosphäre ClO_x-Radikale bilden. Für derartige Berechnungen benötigt man Modelle, welche die natürlichen Prozesse in möglichst realistischer Weise simulieren können, um dann in einem zweiten Schritt den Einfluß der Störung nach einem angenommenen Szenarium zu untersuchen. Dabei zeigte sich, daß zu Beginn der siebziger Jahre wesentliche Grundlagen der Modellrechnungen, nämlich Reaktionsgeschwindigkeiten und Photolyseraten nicht oder *in vielen Fällen nur sehr ungenau bekannt* waren. Für viele Reaktionen lagen zwar gute Labormessungen vor, aber diese waren für die tiefen Temperaturen der Stratosphäre und Mesosphäre nur mit groben Extrapolationen anwendbar. Dies ist ein wesentlicher Grund dafür, daß berechnete Ozon-Reduktionen auf Grund der genannten anthropogenen Effekte so häufig und oft drastisch revidiert werden mußten (s. Abschnitt 4).

Heute, nach 20 Jahren intensiver, großzügig geförderter und international koordinierter Forschung sieht es so aus, als ob wir die Ozon-Photochemie grundsätzlich richtig verstehen. Es wird aber sicher weiterhin Revisionen geben, die gerade im Hinblick auf die Berechnung des Einflusses anthropogener Effekte von Bedeutung sein könnten. Ein wesentlicher Punkt der Unsicherheit sind die Modelle selbst. Denn selbst wenn man annähme, daß alle relevanten Reaktions- und Photolyseraten mit genügender Genauigkeit bekannt wären, so verblieben erhebliche Fehlerquellen, die aus der atmosphärischen Dynamik, die ja mit der Photochemie verkoppelt ist, resultieren (s. Abschnitt 2.2).

Das *atmosphärische Zirkulationsgeschehen* läuft dreidimensional in einem Breiten-Längen-Höhen-Koordinatensystem ab. Für die Wettervorhersage und für klimatische Studien gibt es dreidimensionale Modelle, auch solche, die bis in die Stratosphäre reichen, mit denen der Zirkulationsablauf direkt simuliert wird. Derartige Modelle sind aber außerordentlich aufwendig und erfordern die größten und schnellsten zur Zeit verfügbaren Rechner. Um die photochemischen Prozesse einigermaßen vollständig zu beschreiben, müssen etwa 140 Reaktionen berücksichtigt werden, was ebenfalls große Forderungen an die Rechenkapazität stellt. Es ist deshalb zur Zeit nur bedingt möglich, das photochemische System mit einem dreidimensionalen Zirkulationsmodell zu koppeln.

Die komplexe Photochemie zwingt daher zu Abstrichen bei der Simulation der Dynamik. Die meisten Modelle, welche das vollständige photochemische System enthalten, sind immer noch eindimensionale Modelle. Sie enthalten als einzige Koordinate die Höhe, und die chemischen Konstituenten werden auf- bzw. abwärts transportiert. Dieser Transport wird durch unanschauliche, empirisch bestimmte Parameter, sogenannte „Diffusionskoeffizienten", charakterisiert. Der große Nachteil dieser Modelle besteht darin, daß nur globale oder hemisphärische Mittel berechnet werden, da ja neben der Höhe keine weitere Koordinate vorkommt. Für Spurengase, deren Konzentration von der *geographischen Breite* abhängt, führt dies zu großen Fehlern, und am Beispiel des Ozons wurde gezeigt (Abschnitt 2.2), daß tatsächlich beträchtliche meridionale Konzentrationsgradienten vorkommen.

Einen besseren Kompromiß stellen deshalb zweidimensionale Modelle dar, die in einem Breiten-Höhen-Koordinatensystem rechnen. Alle Modellvariablen werden dabei zonal, also entlang von Breitenkreisen, gemittelt, und die Dynamik reduziert sich auf Transporte in meridonaler und vertikaler Richtung. Man tut gewissermaßen so, als ob entlang eines Breitenkreises keine Konzentrationsunterschiede der atmosphärischen Bestandteile bestehen, eine Annahme, die wegen der dominierenden zonalen Zirkulation, die eine gute zonale Durchmischung bewirkt, einigermaßen gerechtfertigt ist. Da das in Wirklichkeit dreidimensional ablaufende Zirkulationsgeschehen auf zwei Dimensionen reduziert wird, müssen auch hier unanschauliche Diffusionskoeffizienten benutzt werden. Der Vorteil dieser Modelle liegt aber darin, daß Spurengaskonzentrationen als Funktion der Höhe und Breite berechnet werden und damit auch Vergleiche mit gemessenen Daten sinnvoll sind.

Solche Vergleiche sind außerordentlich wichtig, denn sie sind die einzige Möglichkeit, die Güte der Modelle zu testen und letztlich zu beurteilen, inwieweit die dem Modell zugrunde gelegten photochemischen Prozesse realistisch sind. Leider ist die heute vorhandene Datenbasis äußerst spärlich und für derartige Tests ungeeignet. Es gibt eine Reihe von Quellgasmessungen, und es existieren auch einzelne Messungen von Radikalen und Reservoirsubstanzen. Einige Reservoirsubstanzen wie N_2O_5, HOCl und HNO_4 wurden bisher überhaupt nicht, $ClNO_3$ nur einmal und mit großer Ungenauigkeit gemessen. Die bisherigen Vergleiche berechneter und gemessener Spurengaskonzentrationen lassen nur den qualitativen Schluß zu, daß die meisten Daten unseren Vorstellungen über die atmosphärische Photochemie entsprechen. Quantitative Schlüsse aus dem Vergleich einzelner Spurengasmessungen mit Modellergebnissen zu ziehen, wäre angesichts der vielen Parameter, die in die Rechnung eingehen, problematisch, zumal in vielen Fällen die Meßfehler nicht bekannt sind. Hier kann man nur weiterkommen, wenn man, wie es für künftige Forschungsprogramme geplant ist, ganze Familien photochemisch miteinander verkoppelter Substanzen gleichzeitig mißt und deren Konzentrationsverhältnis vergleicht (s. z. B. Ref. [34]).

Die besten und vollständigsten Meßdaten gibt es für Ozon, dessen Verteilung in der Atmosphäre seit vielen Jahren vom Boden aus, mit Ballon- und Raketensonden sowie neuerdings von Satellitenplattformen aus gemessen wird. Aber gerade Ozon ist eines der Spurengase, deren Berechnung im Modell besonders schwierig ist, da seine Verteilung sehr empfindlich vom Zusammenwirken der komplexen Photochemie mit der atmosphärischen Zirkulation abhängt. Eine Simulation der synoptischen Effekte, wie sie in der Ozon-Verteilung beobachtet werden, kann nur in einem dreidimensionalen Modell zufriedenstellend erfolgen, aber ein solches Modell, das auch der umfangreichen Photochemie gerecht wird, existiert bislang nicht.

Es gibt eine weitere Unsicherheit in den heutigen Modellen, und diese betrifft *die Sonnenstrahlung* selbst, vor allem ihren ultravioletten Anteil, der für die meisten Photolyseprozesse in der Atmosphäre verantwortlich ist. Neuere Satellitenmessungen zeigen nämlich, daß die UV-Strahlung der Sonne nicht konstant einfällt, sondern im Rhythmus des 11jährigen Sonnenaktivitätszyklus variiert (s. Abschnitt 2.6). Aus den Beobachtungen über einen Aktivitätszyklus kann aber *nicht* gefolgert werden, daß sich die gemessene UV-Variation in den darauffolgenden Zyklen mit gleicher Amplitude wiederholt, denn die Sonnenaktivität selbst, die z. B. durch die Züricher Sonnenfleckenrelativzahlen quantitativ beschrieben wird, variiert von Zyklus zu Zyklus erheblich. Da der solare UV-Fluß der Motor des photochemischen Geschehens in der Atmosphäre ist, kann eine Variation, falls diese sich bestätigt, für die Berechnung von Langzeiteffekten wie den Einfluß der anthropogenen Emission halogenierter Kohlenwasserstoffe von Bedeutung sein. Nicht nur die Intensität der von der Sonne einfallenden UV-Strahlung, sondern auch die Wechselwirkung mit dem wichtigsten Absorber, den Sauerstoff-Molekülen, ist offensichtlich immer noch mit Unsicherheiten behaftet. Frederick und Mentall [46] führten mit Hilfe eines ballongetragenen Instruments hochpräzise Messungen der UV-Strahlung zwischen 200 und 210 nm Wellenlänge, im sogenannten Herzberg-Kontinuum durch. Die Messungen erstreckten sich über den Höhenbereich zwischen 32 und 39 km, wo der Großteil der UV-Strahlung dieses Spektralbereiches von den atmosphärischen Sauerstoff-Molekülen absorbiert wird. Sie ergaben durchweg höhere UV-Flüsse, als man nach

Berücksichtigung der Absorptionseigenschaften der über dem Meßgerät befindlichen Schichten erwartet hatte. Frederick und Mentall schlossen daraus, daß die bislang für Modellrechnungen benutzten Absorptionskoeffizienten für Sauerstoff im Bereich des Herzberg-Kontinuums gegenüber den tatsächlichen Werten um 10 bis 20 % zu hoch liegen.

Gerade dieser Spektralbereich ist aber für die Photolyse atmosphärischer Konstituenten besonders wichtig, denn Quellgase wie CFC-11 und CFC-12 oder das Senkengas HNO_3 haben gerade dort ihre höchsten Photodissoziationsraten. Modellrechnungen von Froidevaux und Yung [47] zeigen, daß mit reduzierten Absorptionskoeffizienten für O_2 berechnete Vertikalverteilungen für CFC-11, CFC-12 und HNO_3 in der Tat besser mit gemessenen Profilen übereinstimmen. Neuere Labormessungen bestätigen, daß die Absorptionskoeffizenten für Sauerstoff zwischen 200 und 210 nm Wellenlänge tatsächlich reduziert werden müssen, wie es nach den Ballonmessungen von Frederick und Mentall gefolgert werden kann. Zwischen den verschiedenen Datensätzen bestehen aber immer noch eine Reihe von Unstimmigkeiten [48].

Die Entdeckung, daß während der Monate September/Oktober eine erhebliche Reduktion der Ozonschicht über der Antarktis erfolgt (antarktisches Ozonloch) hat gezeigt, daß die in Kapitel 2 diskutierten Gasphasen-Reaktionen nur in einer klaren, wolkenfreien Atmosphäre das photochemische Geschehen vollständig beschreiben. Bei Anwesenheit von Wolken können zusätzliche heterogene Reaktionen, die an den flüssigen oder festen Wolken–Partikeloberflächen ablaufen, zu erheblichen Abweichungen führen. Nun ist die Mittlere Atmosphäre in der Regel wolkenfrei. In hohen Breiten kommen aber, besonders während der Winter- und Frühlingsmonate, dichte stratosphärische Wolken bis in eine Höhe von 25 km vor. Auf die Auswirkungen der hierbei ablaufenden heterogenen Reaktionen wird in Abschnitt 4.6 eingegangen. Es wird noch intensiver Forschung bedürfen, um die Modelle in den Stand zu setzen, die natürlichen Prozesse quantitativ richtig zu beschreiben. Erst dann wird es möglich sein, verläßliche Berechnungen des Einflusses menschlicher Aktivitäten auf die atmosphärischen Parameter durchzuführen. Bis dahin können die berechneten Werte über das Ausmaß der zukünftigen Reduktion der Ozon-Schichtdicke als Folge anthropogener Emission halogenierter Kohlenwasserstoffe (s. Abschnitt 4.5) durchaus, wie auch in der Vergangenheit, weiterhin auf- und abpendeln (s. auch Abschnitt 4.8).

2.6 Solare und kosmische Einflüsse

Der Einfall energiereicher *geladener Teilchen* führt in der Atmosphäre zur Bildung von NO_x- und HO_x-Radikalen, welche über die photochemischen

Reaktionen Veränderungen der Spurengasverteilung bewirken und besonders die Ozon-Schicht beeinflussen können. Hierbei spielen sowohl geladene Teilchen der galaktischen kosmischen Strahlung als auch solare Protonen und Elektronen sowie relativistische Elektronen in Verbindung mit magnetosphärischer Teilsturmaktivität eine Rolle [49]. In der Mesosphäre führen diese überwiegend zur Bildung von HO_x-Radikalen, während in der Stratosphäre NO_x-Radikale gebildet werden. Die Produktion der HO_x und NO_x-Radikale läuft über Ionenreaktionsketten, wobei jedes Ionen/Elektronenpaar 2 HO_x bzw. 1,5 NO_x-Teilchen erzeugen kann [49, 50].

Da HO_x- und NO_x-Radikale in katalytischen Reaktionszyklen Ozon abbauen, sollten Ozon-Messungen zu Zeiten starken Einfalls geladener Partikel in die Atmosphäre, zum Beispiel bei intensiven solaren Protonenausbrüchen, Gelegenheit bieten, die Güte der Modelle und damit die Realität der ihnen zugrundegelegten photochemischen Reaktionen zu testen. Glücklicherweise lieferte die Sonne ein solches Testexperiment in Form eines extrem intensiven Protonen-Ausbruchs. Diese Eruption vom 4. August 1972 gehört zu den intensivsten, die jemals beobachtet wurden. Zu dieser Zeit wurde die Ozon-Schicht durch einen UV-Sensor an Bord des Satelliten NIMBUS-4 überwacht; aus Meßwerten des von der Atmosphäre rückgestreuten UV-Lichtes wurde laufend der Gesamtozonbetrag oberhalb 4 mbar (etwa 38 km Höhe) berechnet [51]. Zonale Mittel dieser Ozon-Werte für Juli und August 1972 sind in Abb. 17 für drei Breitenzonen mit Angaben der Meßfehler aufgetragen. In hohen nördlichen Breiten, wo die geladenen Teilchen nahezu unbehindert vom Magnetfeld der Erde einfließen konnten, führte der Protonen-Ausbruch der Sonne zu einer abrupten Verminderung der Ozon-Schichtdicke oberhalb 4 mbar um fast 20%. In mittleren Breiten wurde, abgesehen von zwei niedrigen Werten zwei und drei Tage nach dem Ereignis, ein langsames Abklingen mit anschließender Erholung gemessen, während in den Tropen ein langsamer Abfall von 0,019 atm−cm[1] im Juli bis 0,017 atm−cm Ende August gefunden wurde, der aber augenscheinlich nicht in Zusammenhang mit dem solaren Ereignis steht, da er bereits vor dem 4. August einsetzte. Der geringfügige Ozon-Anstieg im Juli, gefolgt von dem Abfall, der in den Tropen beobachtet wurde, ist nach Heath et al. [51] die Folge eines abnormen Temperaturabfalls im Juli in Zusammenhang mit einer Stratosphärenerwärmung auf der Südhalbkugel, der im August wieder abklingt. Dieses Beispiel von den Tropen, wo wegen der abschirmenden Wirkung des erdmagnetischen Feldes sicher keine geladenen Teilchen von dem Ereignis einfallen konnten,

---

[1] 1 atm−cm = 1000 D.U. = 1 cm Ozon-Schichtdicke, bezogen auf Normalbedingungen.

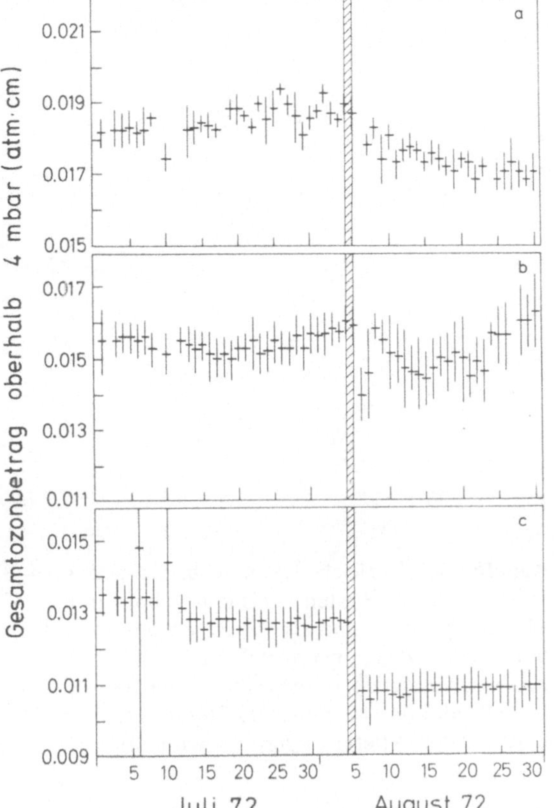

Abb. 17 a–c. Zonalmittel des Gesamtozonbetrages oberhalb 4 mbar für äquatoriale (**a**), mittlere (**b**) und hohe nördliche Breiten (**c**). Der solare Protonen-Ausbruch erfolgte am 4. August. Die gezeigten Ozon-Daten wurden mit dem BUV-Experiment an Bord des Satelliten NIMBUS-4 gemessen. 1 atm-cm = 1000 D.U. (Nach [51])

zeigt sehr schön, welche natürlichen Fluktuationen in der Ozon-Schicht selbst in so großer Höhe vorkommen.

Abbildung 18 zeigt das Ergebnis einer Simulation dieses Ereignisses mit Hilfe eines zweidimensionalen Modells [52] zusammen mit den Satellitendaten für hohe Breiten. Den Berechnungen (ausgezogene und gestrichelte Kurve) lagen zwei Datensätze für die NO_x-Produktionsraten des Ereignisses zugrunde. Die Satellitendaten beziehen sich auf die linke Ordinatenskala. Die Modellergebnisse sind als relative Abnahme der Ozon-Schichtdicke oberhalb 7 mbar (etwa 34 km), bezogen auf das „ungestörte" Niveau am 4. August vor dem Ereignis, aufgetragen (rechte Ordinatenskala). Der Vergleich der Abb. 18 zeigt, daß das Modell den solaren Effekt grundsätzlich richtig beschreibt. Beide Modellergebnisse geben qualitativ den

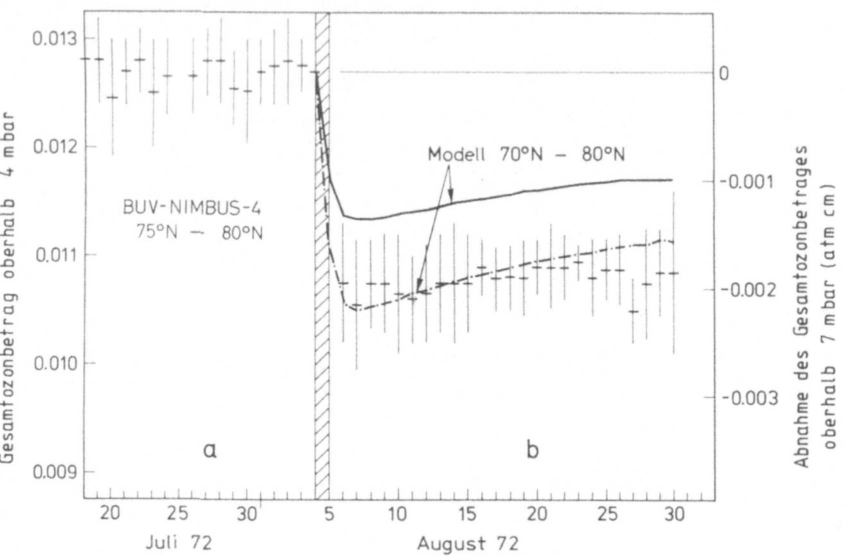

Abb. 18a,b. Vergleich der in Abb. 17c gezeigten BUV-NIMBUS-4-Ozon-Daten für hohe nördliche Breiten (**a**) mit Ergebnissen eines 2-dimensionalen Modells (**b**). Die Modellergebnisse sind als relative Abnahme des Gesamtozonbetrages oberhalb 7 mbar in Bezug auf das „ungestörte" Niveau am 4. August, unmittelbar bevor der Protonen-Ausbruch einsetzte, dargestellt. Für die Modellsimulation wurden 2 Datensätze für die NO_x-Produktion als Folge des Einfalls geladener Partikel zugrundegelegt (ausgezogene und strichpunktierte Linien). (Nach [52])

Verlauf des Ereignisses richtig wieder, wenngleich nach diesen Rechnungen allein nicht zu entscheiden ist, welcher der beiden zugrundegelegten Datensätze für die NO_x-Produktion der richtige ist. Dieses solare Ereignis ist von besonderer Bedeutung, da sich hieran der katalytische Ozon-Abbau aus gemessenen Daten eindeutig nachweisen läßt.

In der Mesosphäre werden durch den Einfall geladener Teilchen überwiegend HO_x-Radikale, also H, OH und HO_2, aus dem vorhandenen Wasserdampf gebildet, der dadurch selbst stark reduziert wird. Diese HO_x-Katalysatoren führen zunächst zu einer Ozon-Reduktion, werden dann aber innerhalb einiger Stunden, je nachdem ob Tag- oder Nachtbedingungen herrschen, in molekularen Wasserstoff (H_2) bzw. zurück in Wasserdampf übergeführt. Crutzen und Solomon [50] haben berechnet, daß der solare Protonenausbruch vom 4. August 1972 über der nördlichen Polarkappe, wo zu der Zeit permanente Tagbedingungen herrschten, in 80 km Höhe zu einer drastischen Abnahme der Wasserdampf-Konzentration um zwei Größenordnungen geführt haben muß. Die hierbei gebildeten HO_x-Radikale führten zunächst zu einer *katalytischen Ozon-Reduktion auf etwa ein Drittel der Konzentration vor dem Ereignis.* Nach Umwandlung der HO_x

in H_2 *stieg aber die Ozon-Konzentration* nicht nur bis zum ursprünglichen Niveau, sondern darüber hinaus *bis zum etwa 3fachen* davon, da praktisch aller Wasserdampf, der vorher als Quellgas für natürliche HO_x-Produktion zur Verfügung gestanden hatte, in H_2 übergeführt war. In 80 km Höhe würde ein Ozon-Sensor somit einen erheblichen Anstieg der Ozon-Konzentration als Folge dieses solaren Protonenausbruches gemessen haben, der sich nur sehr langsam durch Nachlieferung von Wasserdampf aus tieferen Schichten wieder ausgeglichen hätte.

Sekundärelektronen, die zur Bildung von NO_x-Radikalen führen, entstehen auch beim Einfall der galaktischen kosmischen Strahlung in die Atmosphäre. Diese kosmische Partikelstrahlung, die aus dem Weltraum kommt, wird durch die Aktivität der Sonne gesteuert. Ihre Intensität verläuft gegenphasig zur Sonnenaktivität: Im Sonnenfleckenmaximum, wenn die von der Sonne abfließenden Plasmaströme am intensivsten sind, hat die galaktische kosmische Strahlung ihr Intensitätsminimum, im Sonnenfleckenminimum entsprechend ihr Intensitätsmaximum. Die NO_x-Produktionsrate durch die galaktische kosmische Strahlung sollte demnach ebenfalls gegenphasig zur Sonnenaktivität variieren. Oberhalb 30 km Höhe, wo nennenswerte NO_x-*Mengen* durch diesen Prozeß gebildet werden, kann deshalb, bedingt durch die katalytische Reaktion, eine Variation der Ozon-Konzentration über den 11jährigen Sonnenaktivitätszyklus erwartet werden. Im Sonnenfleckenmaximum ist diese NO_x-Produktion am geringsten. Da aber die NO_x-Substanzen, deren Aufenthaltsdauer in dieser Höhe 2 bis 3 Jahre beträgt, dort entsprechend lange gespeichert werden, können wir das Ozon-Maximum des Sonnenfleckenzyklus etwa 2 bis 3 Jahre *nach* dem Sonnenfleckenmaximum erwarten.

Korrelationen zwischen *Sonnenflecken-Relativzahl* und Gesamtozonbetrag sind mehrfach gefunden worden, doch weichen die Ergebnisse zum Teil erheblich voneinander ab. Dies liegt sicherlich wesentlich daran, daß der solare Effekt nur im Höhenbereich oberhalb 30 km eine Rolle spielt und damit nur etwa 10% der Ozon-Schicht umfaßt. Betrachtet man den Gesamtozonbetrag, so kann die gesuchte Korrelation durch die unterhalb 30 km befindlichen 90% der Ozon-Schicht, die ohnehin starke Variationen auf Grund dynamischer Effekte aufweist, maskiert werden. Immerhin leiteten Angell und Korshover [53] aus den langen Meßreihen des Gesamtozons an den Stationen Tromsö (70° N) und Arosa (47° N) von 1930 bis 1970 11jährige Perioden ab, deren Amplituden sich ungefähr wie 2:1 verhalten und deren Phasen gegenüber dem 11jährigen Sonnenfleckenzyklus um 32 bzw. 38 Monate verzögert sind (Abb. 19). Dieses Ergebnis steht in Einklang mit einer NO-Modulation aus der galaktischen kosmischen Strahlung.

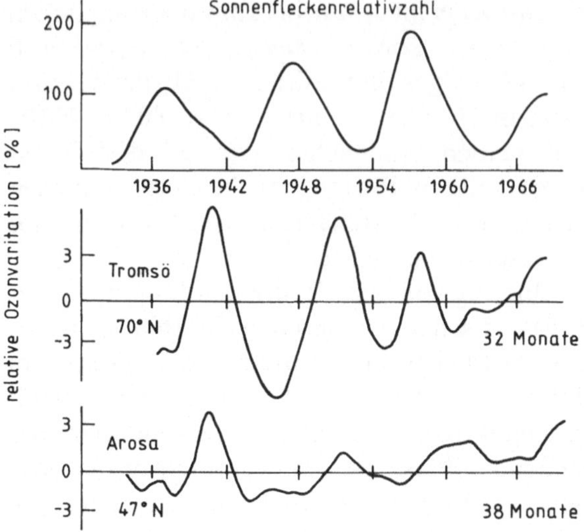

Abb. 19. Vergleich der Züricher Sonnenflecken-Relativzahlen und der relativen Variation des Gesamtozonbetrages in Tromsö und Arosa (nach [53]). Die Ozon-Daten wurden durch Bildung übergreifender Mittel über jeweils 30 Monate geglättet. Die mittlere Phasenverschiebung der Ozon-Kurven gegenüber der Kurve für die Sonnenfleckenrelativzahl ist in Monaten angegeben. Die Korrelation ist ab 1962 gestört, was auf die Auswirkungen atmosphärischer Kernwaffentests der Jahre 1961 und 62 zurückgeführt wird (s. Abschnitt 4.4)

Paetzold, Piscalar und Zschörner [54] dagegen fanden aus Ozon-Werten, die mit optischen Ballonsonden zwischen 1951 und 1972 gemessen wurden, eine 11jährige Periode, die exakt in Phase mit dem Sonnenaktivitätszyklus ist. Dieses Ergebnis deutet eher darauf hin, daß die Ozon-Variation im Rhythmus des Sonnenfleckenzyklus nicht über die NO_x-Modulation, sondern über Variationen der solaren UV-Strahlung zwischen 180 und 340 nm bewirkt wird [55]. Nach Ergebnissen verschiedener Satellitenexperimente variiert der Fluß der Ultraviolettstrahlung der Sonne, insbesondere ihr kurzwelliger Anteil mit Wellenlängen unterhalb 242 nm, der für die Ozon-Bildung verantwortlich ist, über den Sonnenaktivitätszyklus [34]. So ist der UV-Fluß bei 175 nm Wellenlänge im Sonnenfleckenmaximum etwa 50% größer als im Sonnenfleckenminimum. Die Amplitude dieser Variation nimmt mit wachsender Wellenlänge ab, sie beträgt bei 200 nm noch etwa 20% und verschwindet im sichtbaren Spektralbereich. Mit Hilfe eindimensionaler Modellrechnungen konnten Penner und Chang [55] zeigen, daß diese UV-Variationen zu Änderungen der Ozon- und Temperaturverteilung und damit wegen der Temperaturabhängigkeit der Reaktionsraten zu meßbaren Änderungen auch für eine ganze Reihe weiterer Konstituenten führen. Demnach nimmt in 30 km Höhe die Konzentration des Quellgases N_2O vom Sonnenfleckenminimum zum Sonnenfleckenmaximum um etwa 10%, diejenige des Quellgases CH_4 um 5% ab. In 50 km Höhe machen diese Änderungen sogar 40% bzw. 24% aus!

Die Klärung dieses Problems ist noch offen, wobei erschwerend ist, daß die Effekte der galaktischen kosmischen Strahlung und der solaren Protonenausbrüche ungefähr gegenphasig verlaufen: Im Sonnenfleckenmaximum, wenn die Häufigkeit solarer Protonen-Eruptionen am größten ist, hat die galaktische kosmische Strahlung ihr Minimum. Die Korrelation zwischen Ozon und Sonnenfleckenzyklus dürfte daher zu Zeiten häufiger und starker solarer Protonen-Ausbrüche erheblich gestört sein.

Es sei abschließend erwähnt, daß durch die unvorstellbaren Energien der Größenordnung 10^{40} bis 10^{41} J, die in Form von Gammastrahlung bei Supernova-Explosionen freigesetzt werden, über den NO_x-Mechanismus die Ozon-Schicht erheblich reduziert werden kann, wenn diese Explosionen in Erdnähe erfolgen [56]. Die Folgen der entsprechend erhöhten Flüsse solarer UV-Strahlung am Erdboden können zu Mutationen und Erbschäden führen. Nach Ruderman [57] könnten mehrmals im Laufe der Erdgeschichte durch Supernova-Explosionen ganze Arten von Lebewesen ausgestorben sein. Biologische Effekte können auch durch Klimaänderungen als Folge erhöhter Stickoxid-Konzentrationen in der Atmosphäre bewirkt werden, denn eine verstärkte Absorption sichtbarer Sonnenstrahlung durch NO_2 führt zu einer *globalen Abkühlung* [58]. Reid et al. [59] diskutieren die Möglichkeit, daß das Aussterben bestimmter Pflanzenarten mit der mehrmaligen Umkehr des geomagnetischen Feldes zusammenhängen kann. Sie argumentieren, daß zur Zeit der Feldumkehr solare Protonen-Ausbrüche zu besonders starker Reduktion der Ozon-Schicht führen können, weil dann die abschirmende Wirkung des irdischen Magnetfeldes geschwächt ist.

3 Photochemie der Troposphäre

3.1 Die Troposphäre als System

Die Troposphäre ist *das unterste Stockwerk der Atmosphäre*, in dem sich das *Wettergeschehen* abspielt. Ihre Obergrenze, die Tropopause, liegt in der Tropenzone im Mittel in etwa 18 km, in mittleren Breiten zwischen 10 und 15 km, und in der Polarregion in etwa 8 km Höhe. Damit umfaßt die Troposphäre etwa 80 bis 90 Prozent der Gesamtmasse der irdischen Lufthülle. Die Troposphäre enthält die Luft, die wir atmen, und das Wasser, das wir trinken. Natürliche Quellgase, im Erdboden und im Ozean von Mikroorganismen produziert, werden an die Troposphäre abgegeben und vermischen sich darin. Es ist aber auch die Troposphäre, in die wir die *Abgase* unserer Zivilisation, aus Fabriken, Kraftwerken, Heizungsanlagen und Kraftfahrzeugen ablassen.

Das Wettergeschehen in Verbindung mit dem Wasserkreislauf aus Verdunstung, Wolkenbildung und Niederschlag ist der wichtigste Reinigungsmechanismus der Atmosphäre. Partikel und wasserlösliche Gase sind direkt bei den Prozessen der Wolkenbildung beteiligt, sie werden mit dem Niederschlag ausgewaschen und somit aus der Atmosphäre entfernt. Ihre Lebensdauer in der Troposphäre ist daher kurz und beträgt im Mittel nur wenige Tage bis Wochen. Unter der „Lebensdauer" versteht man dabei die Zeit, über die eine bestimmte Substanz in der Atmosphäre Bestand hat, bevor sie durch chemische Prozesse abgebaut oder anderweitig daraus entfernt wird. Mathematisch ist die Lebensdauer als die Zeit definiert, während der die Konzentration des betreffenden Konstituenten auf den e-ten Teil (e = 2,72) der ursprünglichen Konzentration abnimmt, nachdem alle Quellen dieser Substanz abgeschaltet wurden.

Wie in der Stratosphäre sind auch in der Troposphäre chemische und photochemische Prozesse eng mit dynamischen Prozessen verzahnt. Aber anders als in der Stratosphäre, wo der Vertikalaustausch wegen der Temperaturzunahme mit der Höhe stark behindert ist, bewirken die höchst variablen und turbulenten Winde in der Troposphäre, wo die Temperatur mit der Höhe abnimmt, neben der horizontalen eine rasche und effektive vertikale Durchmischung. Ein Maß für die Intensität dieser Mischungsprozesse ist die Durchmischungszeit, die verstreicht, bis eine Substanz in einer bestimmten Region gleichmäßig in der Atmosphäre verteilt ist. So dauert es zwischen einem und zwei Monaten, bis ein Spurenstoff innerhalb einer Hemisphäre homogen vermischt ist (*hemisphärische Durchmischungszeit*). Ein bis zwei Jahre sind dagegen erforderlich, bis eine globale Vermischung erreicht ist (*interhemisphärische Durchmischungszeit*). Die relativ lange interhemisphärische Durchmischungszeit beruht darauf, daß die nahe dem Äquator gelegene intertropische Konvergenzzone, in der intensive aufsteigende Luftbewegung vorherrscht, für die interhemisphärische Durchmischung wie eine Sperrschicht wirkt.

Während die Winde dafür sorgen, daß die atmosphärischen Bestandteile gleichmäßig verteilt werden, sind die Vorgänge, die Substanzen umwandeln oder aus der Atmosphäre entfernen, oft höchst variabel in bezug auf Raum und Zeit. Dies hat zur Folge, daß die Verteilung je nach Art der Substanz mehr oder weniger von der Gleichverteilung abweichen kann. Um beurteilen zu können, ob für die Verteilung die Durchmischung oder z. B. photochemische Reaktionen dominierend sind, muß man die atmosphärische Lebensdauer der betreffenden Substanz mit der Durchmischungszeit vergleichen.

Bestandteile, deren Lebensdauern viele Jahre betragen, verweilen damit lange genug in der Atmosphäre, um von den Winden über den ganzen Globus gleichmäßig verteilt zu werden. Ihre globale Verteilung ist auch dann nahezu homogen, wenn die Quellen und Senken von Region zu Region variieren. Mit einer Lebensdauer von ungefähr 100 Jahren (s. Abb. 20) fällt das Quellgas N_2O zum Beispiel in diese Kategorie. Substanzen wie Kohlenmonoxid, deren Lebensdauern einige Monate betragen, können innerhalb einer Hemisphäre gut durchmischt sein, aber Konzentrationsunterschiede zwischen den Hemisphären aufweisen. Die Konzentration kurzlebiger Konstituenten wie OH und HO_2, deren Lebensdauern weniger als eine Stunde betragen, wird nahezu ausschließlich durch die lokalen Produktions- und Abbaumechanismen bestimmt. Sie befinden sich damit im photochemischen Gleichgewicht, bei dem Produktions- und Abbauraten gleich sind. Die Konzentration solcher Substanzen kann in dem Maße, in dem sich Produktions- oder Abbauraten ändern, beträchtliche räumliche und zeitliche Variationen aufweisen.

Auf Grund einer Vielzahl biologischer, geologischer und anthropogener Effekte werden, wie in Abschnitt 3.3 näher erläutert wird, Gase von der Erdoberfläche an die Atmosphäre abgegeben. Sowohl in bezug auf die Art der emittierten Gase als auf die Emissionsraten ist die Erdoberfläche aber *alles andere als homogen* zu nennen. So scheinen die kontinentalen Vegetations- und Klimazonen wie die tropischen Regenwälder, die Laubwälder der gemäßigten Zonen, Sümpfe, Marschen und Wüsten ganz

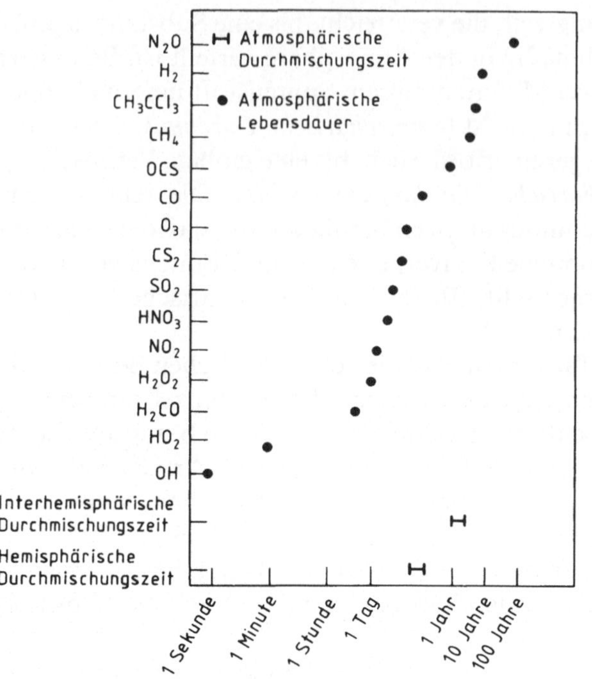

Abb. 20. Atmosphärische Lebensdauern von Spurengasen variieren von einer Sekunde bis zu einem Jahrhundert. (Nach [60])

spezifische Arten von Gasen an die Atmosphäre abzugeben. Selbst die Ozeane sind in dieser Hinsicht nicht einheitlich. Noch extremer als bei den natürlichen Prozessen wirkt sich die globale Inhomogenität der Quellen bei den anthropogenen Emissionen aus, die sich überwiegend auf die Ballungszentren der Industrienationen in Europa, Nordamerika und Japan konzentrieren, während über den Ozeanen und weiten Gebieten der Entwicklungsländer praktisch keinerlei Abgasemission erfolgt (s. Abschnitt 4). Inwieweit die emittierten Gase, ganz gleich, ob es sich um Substanzen natürlicher oder anthropogener Herkunft handelt, nur lokal, regional oder global eine Rolle spielen, hängt ausschließlich von ihrer troposphärischen Lebensdauer ab.

Trotz aller Vielfalt der natürlichen Emissionsprozesse gilt die verallgemeinernde Regel: Die meisten Spurengase, die an die Atmosphäre abgegeben werden, befinden sich in niedrigen Oxidationsstufen (z. B. CH$_4$, N$_2$O, CO). Im Gegensatz dazu sind die Substanzen, die aus der Atmosphäre durch Ausregnen zur Erdoberfläche zurückkehren, vollständig oxidiert (z. B. HNO$_3$, CO$_2$, H$_2$O$_2$). Die Oxidation in der Atmosphäre wird über photochemische Prozesse der Art, wie sie in den Abschnitten 2.3 und 2.4 erläutert wurden, bewirkt. Wir haben es also mit *chemischen Zyklen* zu tun, bei denen reduzierte Gase in die Atmosphäre emittiert, dort photochemisch oxidiert, und dann wieder aus der Atmosphäre entfernt werden.

3.2 Die Rolle des OH-Radikals für die troposphärische Photochemie

Es erscheint auf den ersten Blick nicht überraschend, daß reduzierte Gase in der Atmosphäre oxidiert werden, enthält die irdische Lufthülle doch immerhin einen stattlichen Sauerstoff-Anteil von fast 21 Volumenprozent. In der vorliegenden molekularen Form ist dieser Sauerstoff aber ungeeignet, diese Oxidation bei den vorherrschenden atmosphärischen Temperaturen und Drucken zu bewirken, denn die chemische Bindung der beiden Sauerstoff-Atome im Molekül ist recht stabil. Um diese Bindung aufzubrechen, wird Energie benötigt, die in der mittleren Atmosphäre in Form von UV-Strahlung mit Wellenlängen kürzer als 242 nm zur Verfügung steht (s. Abschnitt 2.1). Die kurzwellige UV-Strahlung wird aber vollständig in der Mesosphäre und Stratosphäre absorbiert, weshalb in der Troposphäre nur langwelliges UV mit Wellenlängen größer als 290 nm einfällt.

Freie Radikale besitzen in ihrer äußeren Elektronenschale ein ungepaartes Elektron und haben damit das Bestreben, ein zweites Elektron aufzunehmen. Sie können deshalb für atmosphärische Spurengase ein effektives Oxidationsmittel darstellen. In der Troposphäre ist es vor allem das OH-Radikal, das diese Oxidation bewirkt. Gäbe es keine freien Radikale in der Troposphäre, so kämen dort die chemischen Reaktionen zum Stillstand.

Die Produktion des OH-Radikals in der Troposphäre wird durch die Photolyse von Ozon eingeleitet (s. Abschnitt 2.1). Der Volumenanteil von Ozon in der Troposphäre variiert zwischen 10 und 100 parts per billion ($1 \, \text{ppb} = 10^{-9}$), ist also 100 bis 1000mal geringer als in der Stratosphäre. (Wie es kommt, daß in der Troposphäre trotz Abwesenheit kurzwelliger UV-Strahlung überhaupt Ozon existiert, wird in Abschnitt 3.4 erläutert.)

Für Wellenlängen größer als 310 nm wird dabei ein Sauerstoff-Atom im Grundzustand (^3P) erzeugt gemäß

$$O_3 + \text{Licht} \ (310 \, \text{nm} < \lambda < 1200 \, \text{nm}) \rightarrow O(^3P) + O_2 \, ,$$

das sofort mit molekularem Sauerstoff wieder zu Ozon rekombiniert

$$O(^3P) + O_2 + M \rightarrow O_3 + M \quad (\text{s. Abschnitt 2.1})$$

Im nahen Ultraviolett, für Wellenlängen kleiner als 310 nm, liefert die Ozonphotolyse aber energetisch angeregte Sauerstoff-Atome (^1D), die hier wie in Abschnitt 2 mit O* bezeichnet werden

$$O_3 + \text{UV} \ (\lambda < 310 \, \text{nm}) \rightarrow O* + O_2 \, .$$

Die meisten angeregten Sauerstoff-Atome werden durch Stoßreaktionen mit Stickstoff- oder Sauerstoff-Molekülen wieder in den Grundzustand übergeführt

$$O^* + M \rightarrow O(^3P) + M,$$

und $O(^3P)$ rekombiniert mit O_2 sofort wieder zu O_3. Ein kleiner Teil der angeregten Sauerstoffatome reagiert jedoch mit Wasserdampf, dessen Volumenanteil in der Troposphäre immerhin im Promillebereich liegt, und bildet damit OH:

$$O^* + H_2O \rightarrow 2\,OH.$$

Diese Reaktionskette stellt den wichtigsten Produktionsprozeß für Hydroxyl-Radikale in der Troposphäre dar.

OH reagiert mit den kohlenstoff-haltigen Quellgasen CO und CH_4, die dadurch zu CO_2 bzw. CO und damit letztlich auch zu CO_2 aufoxidiert werden. Die primären Reaktionen hierfür sind

$$OH + CO \rightarrow CO_2 + H,$$
$$OH + CH_4 \rightarrow CH_3 + H_2O.$$

In der ersten Reaktion wird dabei atomarer Wasserstoff gebildet, der sich mit Sauerstoff gemäß $H + O_2 + M \rightarrow HO_2 + M$ zum *Hydroperoxyl*-Radikal HO_2 verbindet. In Reaktionen mit Stickoxid bzw. Ozon wird das OH-Radikal aus HO_2 wieder zurückgebildet

$$A)\ HO_2 + NO \rightarrow NO_2 + OH,$$
$$B)\ HO_2 + O_3 \rightarrow 2O_2 + OH.$$

(Auf die Bedeutung der Reaktionen A und B und die Existenz von NO_x-Radikalen in der Troposphäre wird in Abschnitt 3.4 eingegangen.)

HO_2 kann aber auch mit HO_x-Radikalen Senkengase bilden, die im Niederschlag ausgewaschen werden, wodurch die Reaktionskette beendet wird:

$$HO_2 + OH \rightarrow H_2O + O_2,$$
$$HO_2 + HO_2 \rightarrow H_2O_2 + O_2.$$

Diese Prozesse sind, sieht man einmal von den Unsicherheiten hinsichtlich der NO_x-Radikale ab, verhältnismäßig gut bekannt. Große Probleme bereiten dagegen die Prozeßketten, die durch die zweite Reaktion ausgelöst werden. Auch hier reagiert das Produkt der ersten Reaktion, das Methylradikal CH_3, zunächst mit Sauerstoff und bildet das Methylperoxyl-Radikal CH_3O_2 gemäß $CH_3 + O_2 + M \rightarrow CH_3O_2 + M$. Die Chemie dieses Radikals und seiner Folgeprodukte ist kompliziert und die Kinetik einer Reihe von Zwischenschritten nur unvollständig verstanden. Es sieht so aus [61], als sei das Endprodukt dieser Methan-Oxidationskette CO, das dann durch OH zu CO_2 vollständig aufoxidiert wird. (Die Methan-Oxidation spielt auch in der Stratosphäre eine wichtige Rolle, und der Anstieg des CO-Mischungsverhältnisses oberhalb 25 km Höhe ist zum Teil auf die CO-Produktion aus Methan zurückzuführen (s. Abschnitt 2.3).)

Mit Hilfe von Modellen können diese photochemischen Prozesse simuliert und die OH-Konzentrationen in der Troposphäre berechnet werden. Im Mittel über die Jahres- und Tageszeiten ergeben sich dabei zwischen 2×10^5 und 2×10^6 OH-Moleküle pro Kubikzentimeter, wobei die höchsten Werte in der Tropen vorkommen. Dieses OH-Maximum in niederen Breiten ist die Folge der hohen Luftfeuchtigkeit dieser Region sowie des höheren Strahlungsflusses, der zu vermehrter O*-Bildung führt [61]. Die Modellrechnungen zeigen auch, daß die Südhalbkugel etwa 20% mehr OH als die Nordhalbkugel enthält. Diese hemisphärische Asymmetrie ist die Folge davon, daß die CO-Konzentration auf der Nordhalbkugel auf Grund anthropogener CO-Emission größer als auf der Südhalbkugel ist (s. Abschnitt 3.3).

Ein direkter quantitativer Test der Modellrechnungen durch Messungen ist zur Zeit noch nicht möglich; diese Messungen müßten, um einen aussagekräftigen Vergleich zu ermöglichen, neben OH auch die anderen an den Reaktionen beteiligten Radikale, Quell- und Senkengase umfassen. Wenn auch erste vereinzelte Messungen für OH und andere relevante Substanzen vorliegen [34], so sind diese für einen derartigen Test noch nicht ausreichend.

Einen indirekten Test ermöglichen immerhin die Messungen der globalen Verteilung von Methylchloroform (CH_3CCl_3). Diese Substanz wird in großen Mengen weltweit als Lösungsmittel im Trockenreinigungsgewerbe benutzt, und neben dieser anthropogenen Emission sind keine natürlichen Quellen bekannt (s. Abschnitt 4.5). Da Methylchloroform in der Atmosphäre praktisch nur durch OH abgebaut wird, bestimmt die OH-Konzentration seine Lebensdauer; diese ergibt nach Modellrechnungen ein globales Mittel von 5 Jahren [61]. Andererseits kann man aus der Gesamtmenge, die bisher in die Atmosphäre abgelassen wurde, und der gegenwärtigen globalen Verteilung von Methylchloroform dessen atmosphärische Lebensdauer bestimmen. Unter Berücksichtigung aller Unsicherheiten der Emissionsraten und Meßfehler ergibt sich dabei ein Wert, der zwischen 5 und 10 Jahren liegen kann [34]. Diese verhältnismäßig gute Übereinstimmung ist ein Indiz dafür, daß die photochemische Theorie zumindest qualitativ richtig sein könnte.

Das Hydroxyl-Radikal initiiert eine Fülle weiterer Reaktionen in der Troposphäre. Neben Reaktionen mit NO_x-Radikalen, die in Abschnitt 3.4 erläutert werden, sollen hier noch Prozesse erwähnt werden, die im

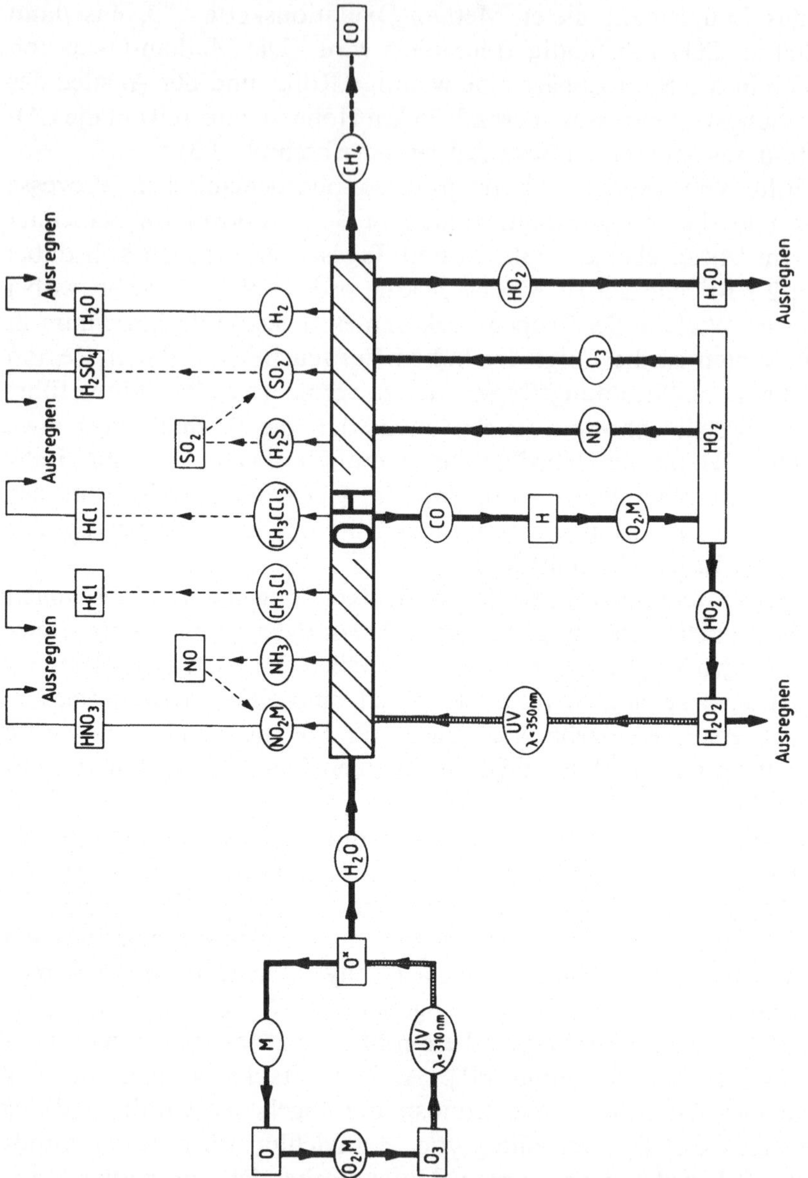

Abb. 21. Die Photochemie des OH-Radikals bestimmt die Spurengaszusammensetzung der Troposphäre. Die Bildung von OH durch angeregte Sauerstoff-Atome O*, die Photolyseprodukte von Ozon sind, ist die „Initialzündung" für den Ablauf dieser chemischen Prozesse

atmosphärischen Schwefelkreislauf eine Rolle spielen. Durch biologische und geologische Prozesse werden eine Reihe von reduzierten Schwefelverbindungen in die Atmosphäre emittiert, so z. B. Schwefelwasserstoff (H_2S), Schwefelkohlenstoff (CS_2) oder Carbonylsulfid (OCS). Diese werden in mehreren Reaktionsschritten zu Schwefeldioxid (SO_2) aufoxidiert, wobei zumindest für H_2S gesichert scheint, daß OH bei dieser Oxidation beteiligt ist. SO_2 hat eine Lebensdauer von nur einigen Tagen. Es wird nach einer Reihe von Prozessen, die alle über die Oxidation von SO_2 zu Sulfat (SO_4^{2-}) und dessen Einschluß in Wolkentropfen und Aerosole laufen, als Schwefelsäure (H_2SO_4) im Niederschlag ausgeregnet. Diese Oxidationsketten werden durch Reaktionen mit OH eingeleitet. Das bei der Verbrennung von schwefelhaltiger Kohle und Öl zusätzlich in die Atmosphäre emittierte Schwefeldioxid wird wie das natürliche SO_2 zu Sulfat aufoxidiert. Als Folge nimmt der Säuregehalt der Niederschläge in den betreffenden Regionen zu (Saurer Regen, s. Abschnitt 4.2).

Abbildung 21 veranschaulicht, in welcher Weise die Photochemie des OH-Radikals die Oxidation von Spurengasen in der Troposphäre und damit deren Auswaschen reguliert. Fett gezeichnet sind die Reaktionspfade, die für die OH-Konzentration selbst von Bedeutung sind; die dünn gezeichneten Reaktionspfade sind nicht unmittelbar für die OH-Konzentration, wohl aber für die beteiligten Reaktanten wichtig. Die gestrichelten Reaktionspfade bezeichnen Reaktionsketten, die in mehreren Schritten ablaufen. Diese schematische Darstellung veranschaulicht, wie wichtig das OH-Radikal für die Reinigung unserer Atmosphäre ist, indem es Schadstoffe aufoxidiert und dadurch in wasserlösliche Substanzen umwandelt, die mit dem Niederschlag ausgewaschen werden können. Ozon wiederum liefert in Form der angeregten Sauerstoff-Atome die Initialzündung für alle diese Prozesse, denn ohne die permanente Produktion von O* gäbe es in der Troposphäre keine OH-Radikale.

3.3 Die natürlichen Quellgase

Freie Radikale, die in katalytischen Reaktionszyklen Ozon abbauen, werden in der Stratosphäre aus langlebigen Spurengasen gebildet, die ihren Ursprung in der Biosphäre und Troposphäre haben (s. Abschnitt 2.3). Diese Substanzen, Quellgase, gelangen durch Mischungsprozesse von der Troposphäre in die Stratosphäre. Wie im vorigen Abschnitt gezeigt wurde, werden Quellgase wie Methan, Kohlenmonoxid oder Methylchloroform bereits in der Troposphäre teilweise abgebaut. Um die in die Stratosphäre gelangenden Quellgasflüsse abzuschätzen, müssen daher neben den biosphärischen und troposphärischen Produktionsmechanismen auch die

Abbaureaktionen der betreffenden Substanzen in der Troposphäre berücksichtigt werden. Es ist deshalb sinnvoll, die Diskussion der Quellgase und ihrer Produktions- und Abbauprozesse im Zusammenhang mit der troposphärischen Photochemie vorzunehmen.

N_2O

Die Quelle für stratosphärische NO_x-Radikale ist das Distickstoffoxid oder Lachgas (N_2O) gemäß der Reaktion $N_2O + O^* \rightarrow 2\,NO$. N_2O wird aber noch über zwei weitere Reaktionen abgebaut, bei denen normaler Stickstoff entsteht, nämlich

$$N_2O + O^* \rightarrow N_2 + O_2,$$
$$N_2O + UV\ (\lambda < 240\,\text{nm}) \rightarrow N_2 + O.$$

Alle drei Reaktionen sind praktisch nur in der Stratosphäre von Bedeutung und entsprechen zusammen einer photochemischen N_2O-Senke mit einem Stickstoffäquivalent von 11 Millionen Tonnen Stickstoff pro Jahr ($1,1 \times 10^7$ t N/Jahr) [62]. Der Beitrag der ersten Reaktion, bei der NO gebildet wird, beträgt aber nur 10% davon [63]. Insgesamt sind in dem atmosphärischen N_2O $1,5 \times 10^9$ t N enthalten, 4 Zehnmillionstel des gesamten Stickstoffs, der sich in der Atmosphäre befindet. Durch Division dieser Stickstoffmenge durch den o.g. jährlichen photochemischen Verlust erhält man mit 135 Jahren eine obere Grenze für die atmosphärische Lebensdauer von N_2O; der tatsächliche Wert dürfte bei etwa 100 Jahren liegen [34].

Im stationären Gleichgewicht muß die globale Produktionsrate von N_2O den photochemischen Verlust kompensieren bzw., falls noch weitere Verlustmechanismen wirken, größer als dieser sein. Nach heutiger Kenntnis wird diese Rate durch biologische Prozesse weitgehend gedeckt. Für alle lebenden Organismen ist Stickstoff eines der unverzichtbaren Elemente. Aber nicht der reaktionsträge Stickstoff selbst aus dem schier unerschöpflichen Vorrat in der Atmosphäre kann im Stoffwechsel verwertet werden, sondern er muß zuvor „fixiert", also in verwertbare Substanzen wie Ammonium (NH_4^+) und Nitrat (NO_3^-) umgewandelt werden. Natürliche Stickstoff-Fixierung erfolgt durch Blitze, durch Blaualgen und durch Bakterien, vor allem in Symbiose mit bestimmten Pflanzen wie Leguminosen. Der Mensch verursacht eine zusätzliche Stickstoff-Fixierung durch die Landwirtschaft, durch Verbrennung von Kohle und Erdöl sowie durch industrielle Herstellung stickstoff-haltiger Düngemittel (s. Abschnitt 4.6). McElroy [62] schätzt die Gesamtmenge des pro Jahr auf der Erde fixierten Stickstoffs mit $2,2 \times 10^8$ t N/Jahr, davon 40 Prozent allein auf Grund menschlicher Aktivität. Auch unter Berücksichtigung der Tatsache, daß nur ein Teil des fixierten Stickstoffs in N_2O übergeführt wird, ist diese Stickstoff-Menge ausreichend, um den photochemischen Verlust zu kompensieren.

Bis vor wenigen Jahren hatte man angenommen, daß N_2O überwiegend durch mikrobiologische Reduktion von Nitrat im Boden entsteht. Bei diesem als Denitrifikation bezeichneten Prozeß wird durch Bodenbakterien aus abgestorbener organischer Substanz neben N_2O überwiegend Stickstoff und Sauerstoff gebildet, die dadurch in die Atmosphäre zurückzirkulieren (s. Abschnitt 1.3). Neuere Messungen scheinen dagegen ein Indiz dafür zu sein, daß N_2O vielmehr überwiegend durch Nitrifikation, also durch Oxidation von Ammonium-Ionen gebildet wird [34]. Auf Grund der vorliegenden Meßdaten berechnet McElroy [62], daß die globale N_2O-Quelle einem Stickstoff-Äquivalent von 1 bis 2×10^7 t N/Jahr entspricht. Hierüber wie auch über die Art und Weise, wie die Quellen geographisch auf die Ozean- und Landflächen verteilt sind und über eventuelle biosphärische Senken bestehen noch viele Unsicherheiten. Diese sind für die atmosphärische Photochemie allerdings nicht von unmittelbarer Bedeutung, denn mit etwa 100 Jahren ist die Lebensdauer von N_2O so lang, daß sich geographische Unterschiede der Quellstärke nicht auswirken können. In der Tat zeigen die Messungen aus aller Welt eine nahezu totale Gleichverteilung von N_2O; das gegenwärtige Mischungsverhältnis in der Troposphäre beträgt zwischen 300 und 310 ppb [34]. Es steigt pro Jahr um 0,2 bis 0,3 % an (s. Abschnitt 4.6).

CH_4

Methan ist ein besonders wichtiges Quellgas, da es die Chemie sowohl der Troposphäre wie der Stratosphäre direkt beeinflußt. Zudem gehört Methan zu den Gasen, die auf Grund ihrer Absorptionseigenschaften zum atmosphärischen „Treibhauseffekt" beitragen. Der wichtigste Produktionsmechanismus dieses Gases ist die anaerobe Vergärung von organischer Materie durch Mikroorganismen in Reiskulturen, Sümpfen und Marschen, tropischen Regenwäldern und Tundragebieten, sowie im Verdauungstrakt von Säugetieren. Weltweit werden pro Jahr zwischen 590 und 930 Millionen Tonnen aus diesen Quellen an die Atmosphäre abgegeben [64]. Nach neuesten Messungen [65] scheinen zusätzlich Termiten mit etwa 150 Millionen Tonnen pro Jahr zur globalen Methan-Produktion beizutragen. Die Ozeane produzieren offenbar nur geringe Mengen CH_4 [63], so daß die Quellen der Nordhalbkugel gegenüber denen der Südhalbkugel deutlich überwiegen.

Der wichtigste Verlustmechanismus für Methan ist die Reaktion mit OH in der Troposphäre

$$CH_4 + OH \rightarrow CH_3 + H_2O,$$

die eine Kette weiterer Reaktionen einleitet, die schließlich zur Bildung von CO, CO_2 und H_2 führen (Methan-Oxidationskette, s. Abschnitt 3.2). Die Abschätzung der jährlichen CH_4-Abbaurate über diesen Prozeß erfordert die Kenntnis der globalen OH-Verteilung. Mit den in Abschnitt 3.2 zitierten OH-Konzentrationen ergibt sich eine globale troposphärische CH_4-Senke zwischen 200 und 800 Millionen Tonnen pro Jahr [63].

Das nicht in der Troposphäre abgebaute Methan, etwa 10% der am Boden jährlich produzierten Menge, gelangt durch Mischungsprozesse in die Stratosphäre, wo die folgenden drei Verlustreaktionen ablaufen:

$$CH_4 + OH \rightarrow CH_3 + H_2O,$$
$$CH_4 + O^* \rightarrow CH_3 + OH,$$
$$CH_4 + O^* \rightarrow H_2CO + H_2.$$

Die erste dieser Reaktionen ist die schon für die Troposphäre diskutierte Methan-Oxidation, bei der zweiten wird neben dem Methyl-Radikal OH produziert, und diese HO_x-Quelle wurde bereits in Abschnitt 2.3 aufgeführt. Bei der dritten Reaktion entsteht neben dem Quellgas H_2 Formaldehyd (H_2CO), das auch als Zwischenprodukt bei der Methan-Oxidationskette gebildet wird und letztlich zur Bildung von CO, CO_2 und H_2 führt.

Die Gesamtmenge Methan in der Atmosphäre beträgt 4 Milliarden Tonnen [63]. Nimmt man als Mittelwert der o.g. troposphärischen Senke 500 Millionen t/Jahr, so ergibt sich daraus eine troposphärische Lebensdauer für Methan von 8 Jahren. Der zur Zeit akzeptierte Wert ist 7 Jahre, und diese Zeit ist lang gegen die atmosphärischen Durchmischungszeiten (s. Abschnitt 3.1). Obwohl die Methan-Quellen überwiegend auf den Kontinenten liegen, ist CH_4 in der Troposphäre dennoch recht homogen verteilt, sein gegenwärtiger Volumenanteil beträgt 1,65 ppm mit nur geringfügig niedrigeren Werten in der Südhalbkugel [34]. Es gilt als gesichert, daß der atmosphärische Methan-Anteil, offenbar als Folge menschlicher Aktivitäten, um 1 bis 2 Prozent pro Jahr anwächst [34, 66].

CO

Der Abbau von Methan über die Methan-Oxidationskette führt in der Troposphäre und Stratosphäre zur Bildung von Kohlenmonoxid. Modellrechnungen zeigen, daß 20 bis 50% des atmosphärischen CO aus dieser Quelle stammen [60]. Für die restlichen 50 bis 80% sind drei weitere Prozesse verantwortlich, wobei unklar ist, wie effektiv diese Quellen relativ zueinander sind: die durch OH initiierte Oxidation von anderen Kohlenwasserstoffen (außer CH_4) wie Isoprenen und Terpenen, die unvollständige Verbrennung, insbesondere in Automobilen, sowie Wald- und Steppenbrände und anderweitige Verbrennung von Biomasse wie Holz und landwirtschaftliche Abfallstoffe.

Da der Ozean für die CO-Produktion keine wesentliche Rolle zu spielen scheint, ergibt sich auf der Nordhalbkugel eine wesentlich größere CO-Produktionsrate als für die Südhalbkugel. Dies gilt sowohl für die natürlichen Prozesse wie die Emission von Isoprenen und Terpenen durch die Vegetation als auch für die anthropogene CO-Produktion durch Automobile und Verbrennung von Biomasse. Lediglich die Methan-Oxidation liefert mit 405 Millionen t CO/Jahr für beide Hemisphären den gleichen Wert. Insgesamt werden auf der Nordhalbkugel 1820, auf der Südhalbkugel 920 Millionen Tonnen CO pro Jahr an die Atmosphäre abgegeben [61].

Die genaue Bestimmung des *CO-Budgets* ist schwierig, da die Konzentration dieses Quellgases höchst variabel ist. Nach der zur Zeit wohl besten Schätzung enthält die Nordhalbkugel 290, die Südhalbkugel 170 Millionen Tonnen Kohlenmonoxid [61]. Setzt man diese Werte mit den Produktionsraten ins Verhältnis, so ergibt sich eine Lebensdauer von nur etwa 2 Monaten. Diese kurze Lebensdauer erklärt, warum CO im Gegensatz zu CH_4, dessen Quellen wie die von CO überwiegend auf die Kontinente und damit auf die Nordhalbkugel konzentriert sind, in beiden Hemisphären deutlich unterschiedliche Konzentrationen ausweist. Während der troposphärische CO-Gehalt auf der Südhalbkugel etwa 50 bis 60 ppb, bezogen auf das Volumen, beträgt, treten auf der Nordhalbkugel, wo die Konzentration außerdem besonders starke Schwankungen aufweist, selten Werte unter 80 bis 100 ppb auf, wobei kurzzeitige Anstiege auf mehrere hundert ppb keine Seltenheit snd. Die kurze Lebensdauer erklärt auch, warum im allgemeinen das CO-Mischungsverhältnis mit zunehmender Höhe bereits in der Troposphäre abnimmt, während die anderen Quellgase bis zur Tropopause nahezu homogen verteilt sind (s. Abb. 12).

H_2

Molekularer Wasserstoff trägt wie Methan und Kohlenmonoxid zur Produktion von HO_x-Radikalen in der Stratosphäre bei. Er entsteht photochemisch bei der Methan-Oxidation sowie bei der Oxidation höherer Kohlenwasserstoffe wie der Terpene und Isoprene, die von bestimmten Pflanzenarten emittiert werden. Diese photochemische Quelle macht etwa 30 bis 50% der globalen Gesamtproduktion von H_2 aus. Weitere 25 bis 35% entstehen bei der unvollständigen Verbrennung in Automobilen, während die Verbrennung von Biomasse mit etwa 20% zum H_2-Budget beiträgt [67].

Molekularer Wasserstoff wird zwar im anaeroben Milieu von einer Vielzahl von Mikroorganismen produziert, doch wird H_2 von Mikroorganismen gern als Elektronendonator aufgenommen, so daß insgesamt der biologische Abbau gegenüber der Produktion überwiegt. Dieser biologische Abbau im Boden ist in der Tat so effektiv, daß er allein zwischen 65 und 81 Prozent der globalen H_2-Senke ausmacht. Der dominierende photochemische Abbauprozeß für H_2 in der Troposphäre ist die Reaktion mit OH-Radikalen, die mit 18 bis 33 Prozent an der H_2-Senke beteiligt ist:

$$H_2 + OH \rightarrow H_2O + H \qquad \text{(s. Abb. 21)}.$$

Der photochemische Abbau in der Stratosphäre, vorwiegend über die Reaktion $H_2 + O^* \rightarrow H + OH$ (s. Abschnitt 2.3) ist mit nur 1 bis 2% im Budget dieses Quellgases fast zu vernachlässigen. Dennoch ist dieser Abbau stärker, als es nach dem in Abb. 12 gezeigten mittleren Vertikalprofil für H_2 den Anschein hat, das oberhalb der Tropopause nur einen äußerst schwachen Abfall des H_2-Mischungsverhältnisses zeigt. Der Grund liegt darin, daß H_2 über den Abbau von Methan produziert wird, wodurch der Verlust von H_2 teilweise durch diesen Prozeß kompensiert wird. Für größere Höhen oberhalb 50 km sagen die Modelle sogar einen Wiederanstieg des H_2-Mischungsverhältnisses voraus, ähnlich wie ein solcher bereits oberhalb 25 km für CO beobachtet wurde.

Die Gesamtmenge Wasserstoff-Gas in der Atmosphäre beträgt 170 Millionen Tonnen, wobei die Nordhalbkugel etwa 5% mehr H_2 als die Südhalbkugel enthält [67]. Für die globalen Produktions- und Abbauraten lassen sich zur Zeit nur grobe Abschätzungen vornehmen, für die Quellen ergeben sich Werte zwischen 43 und 134 Millionen Tonnen H_2 pro Jahr, für die Senken entsprechend zwischen 31 und 133 Millionen Tonnen H_2/Jahr [67]. Mit einem Mittelwert von 80 Millionen t H_2/Jahr ergibt sich eine Lebensdauer von ungefähr 2 Jahren. Wie bei CH_4 und CO wird auf der Nordhalbkugel fast doppelt so viel H_2 produziert wie auf der Südhalbkugel. Die Lebensdauer von 2 Jahren entspricht gerade der interhemisphärischen Durchmischungszeit. Daraus erklärt sich das leichte Konzentrationsgefälle zwischen der Nordhalbkugel, wo im Mittel 575 ppb, und der Südhalbkugel, wo 550 ppb gemessen werden. Innerhalb jeder Hemisphäre ist H_2 recht homogen vermischt.

CH_3Cl

Methylchlorid ist das einzige natürliche Quellgas, das nennenswerte Beiträge zum atmosphärischen ClO_x-Budget liefert (die Rolle anthropogener Halogenverbindungen wird in Abschnitt 4.5 diskutiert). Seine wichtigsten Quellen sind biologische Prozesse im Ozean sowie die Verbrennung von Biomasse, wobei die genauen Produktionsraten unbekannt sind. Geringe Mengen Methylchlorid stammen auch aus anthropogenen Quellen sowie vulkanischen Emissionen. Nach den bislang vorliegenden Meßdaten scheint CH_3Cl global recht homogen verteilt und die ozeanische Quelle die dominierende zu sein.

Das mittlere Volumenmischungsverhältnis beträgt 620 parts per trillion (1 ppt $= 10^{-12}$, bezogen auf das Volumen), was einer Gesamtmenge von knapp 5 Millionen Tonnen CH_3Cl in der Atmosphäre entspricht [34]. Methylchlorid wird durch Reaktionen mit OH wieder aus der Atmosphäre entfernt, seine Lebensdauer hängt somit direkt von der OH-Verteilung ab. Mit den in Abschnitt 3.2 gegebenen Werten erhält man eine globale Abbaurate für CH_3Cl von 5,2 Millionen Tonnen pro Jahr [61], so daß hiernach die Lebensdauer etwa 1 Jahr beträgt. Die nach den bisherigen Messungen offenbar globale Gleichverteilung von CH_3Cl scheint aber darauf hinzudeuten, daß die Lebensdauer dieses Quellgases länger als ein Jahr und damit die OH-Konzentrationen geringer als angenommen sein könnten. Diese Frage ist zur Zeit noch offen.

3.4 Das troposphärische Ozon

Die Troposphäre enthält mit Volumenanteilen zwischen 10 und 100 ppb zwar wesentlich geringere Ozon-Mischungsverhältnisse als die Stratosphäre, bezogen auf die gesamte Ozon-Schichtdicke macht der troposphärische Anteil aber immerhin je nach geographischer Breite und Jahreszeit zwischen 5 und 10% aus. Das troposphärische Ozon liefert, wie in Abschnitt 3.2 gezeigt wurde, in Form angeregter Sauerstoff-Atome die „Initialzündung" für die Bildung freier Radikale in der Troposphäre, welche Spurengase natürlicher wie anthropogener Herkunft in wasserlösliche Produkte verwandeln, die mit den Niederschlägen ausgewaschen werden. Die Existenz von Ozon in der Troposphäre ist demnach eine Grundvoraussetzung für den ständigen Ablauf der Selbstreinigung unserer Atmosphäre von Schadstoffen aller Art. Da aber die kurzwellige UV-Strahlung mit Wellenlängen unter 242 nm, welche Sauerstoff-Moleküle dissoziieren kann, nicht bis in die Troposphäre durchdringt, ist eine Ozon-Bildung dort nach den gleichen Reaktionsmechanismen wie in der mittleren Atmosphäre (s. Abschnitt 2.1) nicht möglich.

Es galt viele Jahre als gesichert, daß das troposphärische Ozon seinen Ursprung ausschließlich in der Stratosphäre hat, von wo es durch Mischungsprozesse laufend heruntergebracht wird. Da keine photochemischen Produktions- oder Abbauprozesse in der Troposphäre bekannt waren, galt Ozon dort als inerter Spurenbestandteil (die Photolyse allein bewirkt keinen Abbau von Ozon, da die gebildeten Sauerstoff-Atome sofort mit molekularem Sauerstoff wieder zu Ozon rekombinieren, s. Abschnitt 3.2). Als einzige Senke des troposphärischen Ozons galt dessen chemische Zersetzung durch Kontakt mit den Materialien der Erdoberfläche.

Die Ergebnisse weltweiter Messungen der *troposphärischen Ozon-Verteilung* sind in Einklang mit diesem Mischungskonzept [68]. So nimmt im allgemeinen das Ozon-Mischungsverhältnis von der Tropopause zur Erdoberfläche hin ab, was bestätigt, daß der Ozon-Fluß von oben nach unten gerichtet ist und Ozon am Boden abgebaut wird. Betrachtet man die meridionale Verteilung in der Troposphäre, so treten die höchsten Ozon-Konzentrationen in mittleren Breiten auf. Dort wurden aber auch in den Niederschlägen die höchsten Konzentrationen radioaktiver Spaltprodukte wie Strontium-90 gemessen, die bei energiereichen *Kernwaffenexplosionen* mit dem Rauchpilz bis hoch in die Stratosphäre gelangt waren. Daß diese stratosphärisch-troposphärischen Mischungsprozesse gerade in mittleren Breiten besonders effektiv sind, konnte auch durch Ozon-Messungen in der oberen Troposphäre vom Flugzeug aus direkt verfolgt werden. Dort kann man im Breitenbereich zwischen 30° und 60° regelrechte „Zungen" stratosphärischer Luft durchfliegen, die sich durch einen sprunghaften Anstieg des Ozon-Mischungsverhältnisses auf mehrere hundert ppb bemerkbar machen. Diese Zungen, meist die Folge einer durchbrochenen oder gefalteten Tropopause in diesem Bereich, können sich bis tief in die Troposphäre hinunter erstrecken [69].

Auch die jahreszeitliche Variation der troposphärischen Ozon-Konzentration, die sich in allen Breiten durch eine Sinus-Schwingung beschreiben läßt, ist in Einklang mit dem Mischungskonzept. Die Phase dieser Sinus-Schwingung, also der Zeitpunkt des *jährlichen Konzentrationsmaximums*, wandert von April in hohen nördlichen Breiten bis Juli in mittleren Breiten und wieder zurück bis April am Äquator. Auf der Südhalbkugel verzögert sich der Zeitpunkt des Jahresmaximums mit wachsender Breite kontinuierlich, er wandert von April am Äquator bis Oktober in 40° südlicher Breite, weiter südlich gibt es praktisch keine Meßdaten. Akzeptiert man, daß das troposphärische Ozon aus der Stratosphäre stammt, dann muß auch die Intensität der stratosphärisch-troposphärischen Durchmischung einen sinus-förmigen Jahresgang haben, dessen Phase derjenigen der Ozon-Konzentration je nach Breite um 1 bis 2 Monate vorausläuft. Diese Zeitverschiebung entspricht der Lebensdauer des troposphärischen Ozons, die sich auf Grund der Abbauprozesse an der Erdoberfläche ergibt. Die gleiche Prozedur kann man für den Jahresgang radioaktiver Spaltprodukte aus der Stratosphäre anwenden, der sich ebenfalls annähernd durch eine

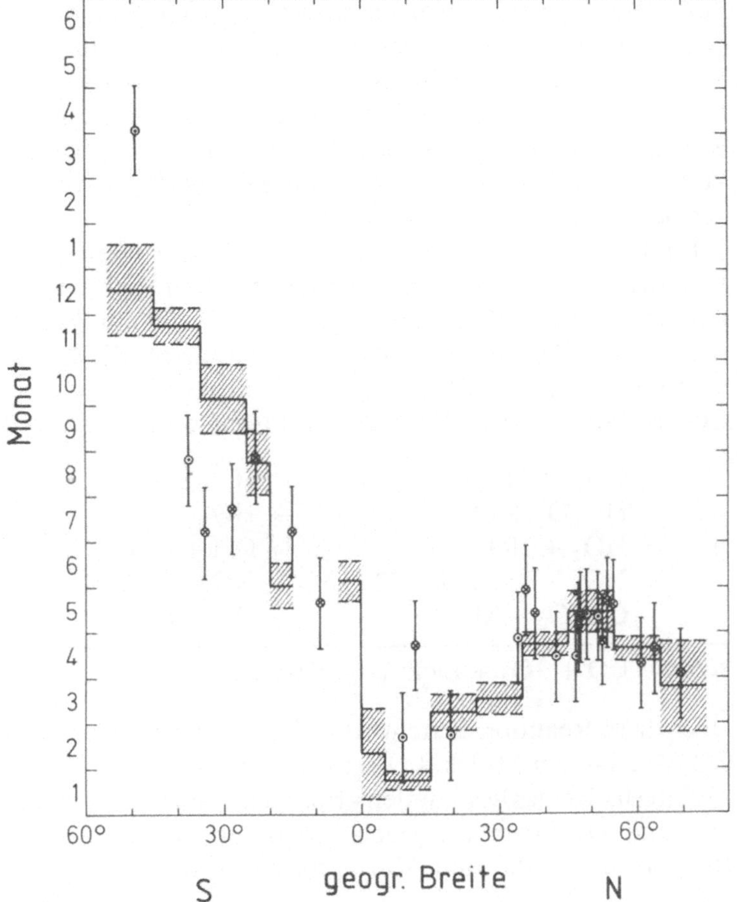

Abb. 22. Phasenkurven für den Zeitpunkt, zu dem der stratosphärisch-troposphärische Luftmassenaustausch im Laufe des Jahres am intensivsten ist. *Schraffierte Treppenkurve:* Phasenkurve, bestimmt nach Messungen der ^{90}Strontium-Konzentration in Regenwasser; *Punkte und Kreuze:* Phasen, bestimmt aus Messungen der jahreszeitlichen Variation der troposphärischen Ozon-Konzentration. (Nach [70])

Sinus-Funktion beschreiben läßt. Ein Vergleich der Phasenkurven für die stratosphärisch-troposphärische Durchmischung, berechnet aus den beobachteten Jahresgängen von Ozon und Strontium-90, ist in Abb. 22 mit Angaben der Fehlerbreiten gezeigt. Die über weite Breitenbereiche gute Übereinstimmung beider unabhängig voneinander bestimmten Phasenkurven zeigt, daß Ozon und ^{90}Sr gleichermaßen durch dynamische Prozesse von der Stratosphäre in die Troposphäre transportiert werden.

Diesem Mischungskonzept steht seit etwa 20 Jahren *eine photochemische Theorie* gegenüber, nach der Ozon in der Troposphäre durch Radikalreaktionen gebildet und abgebaut wird [71]. Nach heutiger Sicht [34] laufen diese Prozesse über eine Kette von Reaktionen, die mit der Oxidation von Kohlenmonoxid durch OH-Radikale eingeleitet werden (s. Abschnitt 3.2). Für die Ozon-Produktion sind dabei die beiden mit A. und B. bezeichneten Reaktionen wichtig, bei denen HO_2 wieder in OH übergeführt wird. Das Verhältnis der Konzentrationen von NO und O_3 bestimmt dabei, welche der beiden Reaktionen überwiegt.

Für hohe NO-Konzentrationen in der Troposphäre überwiegt Reaktion A, welche nicht nur OH zurückbildet sondern auch NO_2 produziert, das durch verhältnismäßig langwelliges Licht bis 420 nm Wellenlänge photolysiert wird. Der hierbei entstehende atomare Sauerstoff bildet dann unmittelbar im Dreierstoß Ozon. Diese Reaktionskette, ausgehend von der CO-Oxidation durch OH, läßt sich folgendermaßen schreiben:

$$
\begin{aligned}
& CO + OH && \rightarrow H + CO_2 \\
& H + O_2 + M && \rightarrow HO_2 + M \\
A. \quad & HO_2 + NO && \rightarrow OH + NO_2 \\
& NO_2 + \text{Licht } (\lambda < 420\,\text{nm}) && \rightarrow NO + O \\
& O + O_2 + M && \rightarrow O_3 + M
\end{aligned}
$$

Netto: $CO + 2O_2 + \text{Licht } (\lambda < 420\,\text{nm}) \rightarrow CO_2 + O_3$

Über diese Reaktionskette wird in fünf Schritten somit pro verbrauchtes CO-Molekül ein Molekül Ozon gebildet.

Unterhalb eines bestimmten kritischen Konzentrationsverhältnisses von NO und O_3 überwiegt jedoch Reaktion B., und es ergibt sich eine Reaktionskette, die zum Abbau von Ozon führt.

$$
\begin{aligned}
& CO + OH && \rightarrow H + CO_2 \\
& H + O_2 + M && \rightarrow HO_2 + M \\
B. \quad & HO_2 + O_3 && \rightarrow 2\,O_2 + OH
\end{aligned}
$$

Netto: $CO + O_3 \rightarrow CO_2 + O_2$

Diese Reaktionskette bewirkt, daß pro verbrauchtes CO-Molekül ein Molekül Ozon abgebaut wird. Der Übergang von der Ozonsenke (Reinluft) zur Ozonquelle vollzieht sich bei einem Stickoxid/Ozon–Konzentrationsverhältnis von $[NO]/[O_3] = 2 \times 10^{-4}$ [72], das über dem größten Teil Nordamerikas und Europas permanent weit überschritten ist.

Stickoxide werden in der Troposphäre durch eine Reihe natürlicher und anthropogener Prozesse gebildet. Zu den natürlichen Quellen gehören die NO-Bildung durch Blitzentladungen, die Oxidation von biogen erzeugtem Ammoniak durch OH (Abb. 21) sowie das direkte Ausgasen von NO und NO_2 aus bestimmten Bodenarten und aus dem Ozean. Wie Kohlenmonoxid entstehen auch große Mengen von NO als Beiprodukt bei der Verbrennung von Kohle, Holz und Erdöl. Im Gegensatz zu CO scheinen aber diese anthropogenen Quellen für das hemisphärische oder globale NO_x-Budget nur geringfügig ins Gewicht zu fallen, denn NO wird rasch über NO_2 in HNO_3 übergeführt und damit im Niederschlag ausgewaschen (s. Abb. 21):

$$NO + O_3 \rightarrow NO_2 + O_2,$$
$$NO_2 + OH + M \rightarrow HNO_3 + M.$$

Obwohl in Ballungsgebieten NO_x-Mischungsverhältnisse der Größenordnung 500 ppb keine Seltenheit sind und über weiten Regionen Nordamerikas etwa 1 ppb gemessen wird, scheint der Auswaschprozeß aber so effektiv zu sein, daß weiter entfernte Meeresgebiete NO_x-Mischungsverhältnisse von weniger als 20 ppt aufweisen [60]. Es sieht damit so aus, als seien über den Meeren und solchen Regionen, die weit genug von dichter besiedelten Gebieten entfernt sind, die *natürlichen* Prozesse dominierend.

Quantitativ können diese NO_x-Quellen heute nur ungenau abgeschwätzt werden, und daher ist es auch schwer zu beurteilen, welche Rolle die Produktion oder der Abbau von Ozon durch photochemische Prozesse für das globale Budget der Troposphäre spielt. In Gebieten starker Luftverschmutzung werden, insbesondere wenn neben den Stickoxiden auch Kohlenwasserstoffe emittiert werden, deutlich erhöhte troposphärische Ozon-Konzentrationen beobachtet. Sowohl in Nordamerika wie in Europa wurde während der letzten 20 Jahre ein beträchtlicher Anstieg des troposphärischen Ozon-Pegels beobachtet, der sich weiter fortzusetzen scheint (s. Abschnitt 4.1). Auf der Nordhalbkugel, wo 90 % der relevanten Schadstoffe emittiert werden, liefert die Photochemie also einen signifikanten Beitrag. Auch die großflächige Biomasseverbrennung in den Tropen, bei der neben CO_2 große Mengen Kohlenmonoxid, Kohlenwasserstoffe und Stickoxide freigesetzt werden, führt zur Bildung von photochemischem Smog mit hohen Ozonkonzentrationen (Abschnitt 4.1).

Lediglich in mittleren und höheren Breiten der Südhalbkugel hat nach den vorliegenden Messungen eine entsprechende Änderung der troposphärischen Ozon-Konzentration nicht stattgefunden. Dort ist offenbar der photochemische Anteil gegenüber dem natürlichen Zufluß aus der Stratosphäre geringer. Bezüglich der Quantifizierung der einzelnen Beiträge gibt es noch immer viele offene Fragen.

4 Einflüsse menschlicher Aktivitäten: Luftverschmutzung als regionales und globales Umweltproblem

Die gegenwärtige Zusammensetzung unserer Atmosphäre muß als ein dynamisches Gleichgewicht verstanden werden, bei dem Quellen und Senken der einzelnen atmosphärischen Bestandteile einander kompensieren. Dieses sehr delikate Gleichgewicht kann durch menschliche Aktivitäten gestört werden. Eine Störung kann darin bestehen, daß bestimmte Substanzen direkt in die Atmosphäre freigelassen werden, etwa Industrie- oder Automobilabgase. Es kann aber auch sein, daß der Mensch in die Biosphäre eingreift, etwa durch Abholzen von Wäldern und Bearbeitung von Acker- und Weideland, und damit indirekt die Quellgasemission der betreffenden Region verändert. In allen Fällen hängt das geographische Ausmaß einer solchen Störung davon ab, wie groß die Lebensdauer der direkt oder indirekt eingebrachten „Schadstoffe" ist. Beim Smog oder beim sauren Regen handelt es sich um Phänomene von regionaler Bedeutung, welche durch die Emission kurzlebiger Schadstoffe ausgelöst werden, die im allgemeinen innerhalb weniger Stunden bis Tage in wasserlösliche Endprodukte verwandelt und im Niederschlag ausgewaschen werden. Die Emission langlebiger Quellgase wie CFC-11 und CFC-12, deren Lebensdauern über 50 Jahre betragen, führt dagegen zu Auswirkungen globalen Ausmaßes. In den folgenden Abschnitten soll an Beispielen erläutert werden, wie der Mensch in das natürliche Gleichgewicht der Atmosphäre eingreift.

4.1 Smog in Ballungsgebieten

Der Begriff „Smog" wurde um die Jahrhundertwende in London geprägt, um jene gelbliche Mischung aus Abgasen (Smoke) und Nebel (Fog) zu bezeichnen, die der Bevölkerung der damals rapide wachsenden Weltstadt zu schaffen machte. Diese auch „Londoner Erbsensuppe" genannte Art der Luftverschmutzung wurde durch intensive Emission von Schwefeldioxid (SO_2) und Ruß als Folge der Verbrennung schwefelhaltiger Kohle ausgelöst. Während der Ruß die Tendenz zur Nebelbildung, die ohnehin in jener Region vor allem im Winter gegeben ist, verstärkte, löste sich das

Schwefeldioxid in die Nebeltropfen, wobei im wesentlichen schweflige Säure (H_2SO_3) gebildet wurde, aus der in mehreren Schritten Schwefelsäure (H_2SO_4) entstehen kann (s. Abb. 27). Durch gesetzgeberische Maßnahmen wie die Einschränkung der Verbrennung schwefelhaltiger Kohle bzw. die Erhöhung der Schornsteine von Kraft- und Heizwerken konnte die lokale SO_2-Immission[1] inzwischen derart reduziert werden, daß die Londoner Erbsensuppe, die früher vor allem in den Wintermonaten gefürchtet war, weitgehend der Vergangenheit angehört. Die „Politik der hohen Schornsteine" hat allerdings dazu geführt, daß das SO_2 mit den Luftströmungen weiter wegverfrachtet wird und die britische SO_2-Emission nun einen deutlich erhöhten Säureeintrag in Skandinavien bewirkt. Eine ähnliche Fernwirkung wird auch durch die hohen Schornsteine der zentraleuropäischen Industriestaaten verursacht (s. Abschnitt 4.2).

Heute versteht man gemeinhin unter „Smog" ein photochemisches Phänomen, das im Gegensatz zur „Londoner Erbsensuppe" ausschließlich in nebelfreien Ballungsgebieten auftritt. Photochemischer Smog entsteht, wenn Stickoxide, Kohlenmonoxid und Kohlenwasserstoffe intensiver Sonneneinstrahlung ausgesetzt sind. Dabei bilden sich stark oxidierende Substanzen, besonders Ozon, sowie Schwebeteilchen, welche die Luft trüben und damit die Sichtweite herabsetzen. In konzentrierter Form führt photochemischer Smog zur Reizung der Augen und Schleimhäute und zur Zerstörung der Blätter bestimmter Pflanzenarten. Dabei kann der Ozon-Anteil in der Atmosphäre weit über 120 ppb ansteigen, der als Risikoschwelle für gesundheitliche Schäden angesehen wird. Das Rohmaterial, aus dem sich photochemischer Smog bildet, stammt fast ausschließlich aus den Abgassystemen von Automobilen. Das Phänomen tritt deshalb bevorzugt in Ballungsgebieten hoher Kraftfahrzeugdichte und intensiver Sonneneinstrahlung auf.

Bei jedem Verbrennungsprozeß entstehen neben dem idealen Endprodukt Kohlendioxid eine Reihe nicht oder nicht vollständig oxidierter Substanzen wie Wasserstoff, Kohlenmonoxid (s. Abschnitt 3.3) sowie „unverbrannte Kohlenwasserstoffe". Außerdem wird der Schwefelgehalt des Brennstoffs in Schwefeldioxid verwandelt. Je höher die Verbrennungstemperatur, umso vollständiger verläuft bei ausreichender Sauerstoffzufuhr die Verbrennung, um so mehr Stickoxid wird aber gleichzeitig produziert. Je nach Betriebsbedingungen variiert der relative Anteil der unerwünschten Nebenprodukte; im allgemeinen werden ohne zusätzliche

---

[1] Während man unter Emission den direkten Ausstoß von Schadstoffen versteht, bezeichnet man mit dem Begriff Immission die lokale Konzentration von Schadstoffen in der Atmosphäre.

Tabelle 4. Typische Zusammensetzung von Automobilabgasen. (Nach [73])

Hauptbestandteile [Volumenprozent]		„Unverbrannte Kohlenwasserstoffe" [Volumen- parts per million]	
CO_2	9,0	Methan und Ethan	178
O_2	4,0	Ethen	231
H_2	2,0	Ethin	104
CO	1,0	Propen	89
NO	0,06	Buten + Butadien	120
SO_2	0,006	Benzol	25
		Aldehyde	400

Vorrichtungen zur Abgasreinigung sowohl Kohlenmonoxid und unverbrannte Kohlenwasserstoffe wie auch Stickoxid in beträchtlichen Mengen ausgestoßen. Typische Bestandteile von Automobilabgasen zeigt Tabelle 4.

Der Stickoxid-Anteil der Automobilabgase ist mit 0,06 % oder 600 ppm so hoch, daß in Städten mit hohen Fahrzeugaufkommen NO-Gehalte von 100 ppb und mehr keine Seltenheit sind. Bei derart hohen Stickoxid-Werten führt die Oxidation von Kohlenmonoxid zur photochemischen Bildung von Ozon. Es läuft dabei folgende Reaktionskette ab (s. Abschnitt 3.4).

$$CO + OH \rightarrow H + CO_2$$
$$H + O_2 + M \rightarrow HO_2 + M$$
$$HO_2 + NO \rightarrow OH + NO_2$$
$$NO_2 + \text{Licht } (\lambda < 420\,\text{nm}) \rightarrow NO + O$$
$$O + O_2 + M \rightarrow O_3 + M \quad M = \text{Stoßpartner für den Dreierstoß}$$

Netto: $CO + 2O_2 + \text{Licht } (\lambda < 420\,\text{nm}) \rightarrow CO_2 + O_3$

In Abb. 23 wird der zeitliche Ablauf dieser Reaktionen anhand gemessener Mischungsverhältnisse von NO, NO_2 und O_3 im Stadtgebiet von Los Angeles veranschaulicht: Mit Beginn des morgendlichen Berufsverkehrs steigt der NO-Gehalt bis auf etwa 150 ppb. Die hohen Werte halten etwa eine Stunde an, danach folgt ein Abfall, obwohl der Berufsverkehr noch bis etwa 9 Uhr anhält und weiterhin NO emittiert wird. Dies liegt darin, daß NO über die Reaktion mit HO_2 in NO_2 übergeführt wird. Der maximale NO_2-Gehalt der Atmosphäre ist mit etwa 200 ppb gegen 8 Uhr erreicht. Um diese Zeit ist die Sonnenstrahlung bereits so intensiv, daß die Photolyse von NO_2, die zur Bildung von O und damit O_3 führt, gegenüber der NO_2-Bildung aus NO überwiegt. Ab 8 Uhr nimmt der NO_2-Gehalt der Luft ab, obwohl die Nachlieferung von NO bis zum Ausklingen des Berufsverkehrs gegen 9 Uhr (Maximum des Kohlenwasserstoff-Pegels) noch anhält. Ozon

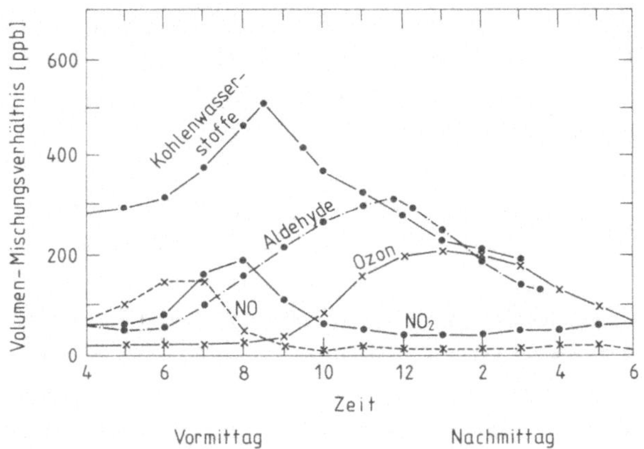

Abb. 23. Typische Smog-Bestandteile, wie sie im Laufe eines Tages in Los Angeles gemessen werden. (Nach [74])

baut sich zu einem breiten Maximum von etwa 200 pb auf, das in den frühen Nachmittagsstunden erreicht ist. Solche hohen Ozon-Gehalte treten in troposphärischer Reinluft nie auf (s. Abschnitt 3.4).

Die photochemische Ozon-Produktion als Folge der Stickoxid-Emission ist aber nur die eine Seite des Smogproblems. Wie Tabelle 4 ausweist, werden mit den Automobilabgasen große Mengen Kohlenwasserstoffe ausgestoßen. Es handelt sich dabei sowohl um gesättigte Kohlenwasserstoffe (Alkane) wie Methan und Ethan als um ungesättigte Kohlenwasserstoffe mit einer Doppelbindung (Olefine) wie Ethen, Propen oder Buten. Heutige Kraftstoffe enthalten zudem Aromaten wie Benzol, Toluol und Xylol (in der Abb. 23 sind alle Kohlenwasserstoffe zu einer Kurve zusammengefaßt). Sowohl die Alkane wie die Olefine werden durch OH abgebaut, wobei Radikale entstehen, die sich mit Sauerstoff zu Peroxyl-Radikalen verbinden. So entsteht bei der Methan-Oxidation (s. Abschnitt 3.2) auf diese Weise das Methylperoxyl-Radikal (CH_3O_2).

Für Ethan beginnt die entsprechende Oxidationskette analog mit der Bildung des Ethylperoxyl-Radikals ($CH_3CH_2O_2$).

Das weitere Schicksal der Peroxyl-Radikale wird durch drei Reaktionskomplexe bestimmt. Sie können entweder mit anderen Radikalen zu stabilen Verbindungen rekombinieren oder durch Anlagerung an Aerosole zu deren Größenwachstum beitragen. Die Lufttrübung, verursacht durch Schwebeteilchen, nimmt auf diese Weise mit fortschreitender Tageszeit zu. Der dritte Reaktionskomplex führt über Reaktionen mit Stickoxid zur Bildung von Aldehyden, welche ein weiteres typisches Merkmal für photochemischen Smog sind. Aldehyde gehören zu jenen unangenehmen Smogprodukten, die unter anderem zur Reizung der Augen führen. Wie

Abb. 23 zeigt, kann die Menge der gebildeten Aldehyde zusammen den Ozon-Gehalt der Luft beträchtlich überschreiten.

Aus dem Ethylperoxyl-Radikal entsteht Acetaldehyd (CH_3CHO) über die Reaktionen

$$CH_3CH_2O_2 + NO \rightarrow CH_3CH_2O + NO_2,$$
$$CH_3CH_2O + O_2 \rightarrow CH_3CHO + HO_2.$$

Diese Reaktionen bewirken ferner eine Konversion von NO in NO_2, ohne daß dabei HO_2 verbraucht wird; es wird sogar HO_2 produziert. Da durch Photolyse von NO_2 atomarer Sauerstoff entsteht und damit O_3 gebildet wird, verstärkt dieser Prozeß die photochemische Ozon-Produktion.

Aldehyde sind relativ instabile Verbindungen, die insbesondere mit Radikalen wie OH reagieren. Der durch OH eingeleitete 3-stufige Abbauprozeß von Acetaldehyd und die Reaktion mit NO_2 führt zur Bildung von Peroxyacetylnitrat ($CH_3COO_2NO_2$). Peroxyacetylnitrat ist der wichtigste Vertreter der Peroxyacylnitrate, die unter dem Namen „PAN" bekannt sind. Die PAN-Verbindungen gehören zu den instabilsten und reaktivsten Substanzen, die im photochemischen Smog vorkommen. Ihre Giftigkeit und Reizwirkung auf Augen und Atemwege übersteigt die der Aldehyde. PAN reagiert mit biologisch wichtigen Substanzen, wie Enzymen, und PAN-Gehalte von 10 ppb können bereits innerhalb weniger Stunden zu Schäden bei Pflanzen führen. Der zeitliche Verlauf der PAN-Konzentration ist ähnlich wie derjenige der Aldehyde. Das Tagesmaximum tritt um Mittag auf, wobei in Los Angeles schon Spitzenwerte bis zu 50 ppb gemessen wurden [73].

Die photochemischen Smogreaktionen sind außerordentlich kompliziert und zum Teil erst unvollständig erforscht. Hier wurde, ausgehend von der Ethanoxidation, nur ein kleiner Ausschnitt dargestellt, um die Entstehung der für den Smog typischen Substanzgruppen zu erläutern. Geht man von anderen Kohlenwasserstoffen aus, so erhält man entsprechend andere Radikalgruppen. Eine weitere Komplikation kommt durch die Existenz zyklischer Kohlenwasserstoffe im Smog hinzu; so gehört, wie Tabelle 4 zeigt, Benzol zu den Bestandteilen von Automobilabgasen.

Los Angeles, wo bereits in den vierziger Jahren photochemischer Smog beobachtet wurde, gehört nach wie vor zu den Musterbeispielen für dieses Phänomen, obwohl in den letzten Jahren durch gesetzlich vorgeschriebene Abgasentgiftungsanlagen die Schadstoffemission pro Fahrzeug erheblich reduziert werden konnte. Dies liegt zum einen an der gestiegenen Kraftfahrzeugdichte, zum anderen aber daran, daß der Großraum Los Angeles halbringförmig von hohen Bergen umgeben und nur zum Pazifik im Westen offen ist. Da vom Ozean fast immer relativ kühle Luft einfließt, welche die wärmere Festlandluft in die Höhe treibt, bildet sich an etwa 320 Tagen des Jahres eine Temperaturinversion aus, die den Luftaustausch mit den höheren Luftschichten unterbindet. In Verbindung mit dem Gebirgsring wirkt die Inversion somit wie ein dreiseitig geschlossenes Gefäß mit Deckel, in dem sich Schadstoffe oft über lange Zeit anreichern und unter der intensiven Sonneneinstrahlung die beschriebenen Reaktionsketten durchlaufen können.

Wegen der zeitlichen Verzögerung des Ozonmaximums gegenüber dem morgendlichen Maximum der Stickoxidemission, die in der Regel 3 bis 5 Stunden beträgt, befindet sich die Region, in der die höchsten Ozonkonzentrationen gemessen werden, meistens windabwärts gegenüber dem Gebiet mit der größten Kraftfahrzeugdichte bzw. Stickoxidemission. Im Großraum Los Angeles werden die höchsten Schadstoffmengen auf einer von Nordwesten nach Südosten orientierten Achse emittiert, die von Burbank im San Fernando Valley über das Stadtzentrum Los Angeles bis etwa nach Anaheim reicht. Die höchsten Ozonkonzentrationen werden dagegen 30 bis 90 km windabwärts (östlich) im Gebiet zwischen Azusa und San Bernardino gemessen. An mehr als 175 Tagen des Jahres treten hier Ozonwerte von mehr als 100 ppb auf, wobei Spitzenwerte bis zu 500 ppb vorkommen. Selbst im 160 km östlich gelegenen Palm Springs, einer Wüstenoase ohne nennenswerte eigene Schadstoffemission, werden an mehr als 100 Tagen des Jahres 100 ppb Ozonanteil überschritten, was beweist, daß photochemischer Smog über beträchtliche Distanzen wirksam sein kann [75].

Heute gehört photochemischer Smog in vielen Ballungsgebieten beinahe zu den Alltäglichkeiten. Je nach Art der Emissionen ist der Charakter der Smogatmosphäre von Gebiet zu Gebiet verschieden. Die Skala der Möglichkeiten reicht von schwefelreichen Smogatmosphären, für die in früheren Jahren Städte wie London oder Pittsburgh bekannt waren, bis zu den Gebieten hoher Stickoxid-Anteile, wie sie heute in Denver, Los Angeles, Sao Paulo oder Sydney beobachtet werden. Dazwischen rangieren Regionen, deren Smog sowohl durch die Schwerindustrie mit viel Schwefeldioxid-Emission wie durch den Kraftfahrzeugverkehr geprägt wird, wie Detroit oder Tokio.

Hohe Ozonkonzentrationen als Folge photochemischer Smogreaktionen werden heute in nahezu allen Gebieten hoher Kraftfahrzeugdichte und intensiver Sonneneinstrahlung gemessen. Die Spitzenwerte in Mexico City, Tokio oder Athen übersteigen heute sogar jene von Los Angeles. Aus fast allen Großstädten der USA, aus Mittel- und Südamerika, Spanien, Südfrankreich, Italien, Jugoslawien, Griechenland, Israel und Japan sind häufige Smogepisoden mit Ozonwerten über 150 ppb, vorwiegend während der Sommermonate, dokumentiert [76].

Noch während der sechziger Jahre herrschte die Meinung vor, daß in Mittel- und Nordeuropa, wo die Sonnenstrahlung wesentlich spärlicher einfällt als etwa in Südkalifornien oder Südeuropa, nicht mit einer photochemischen Ozonbildung zu rechnen sei. Mehr noch, anhand von Ozonmessungen an verschiedenen Stationen in Berlin konnten Lahmann [77] und Fett [78] zeigen, daß während der Jahre 1966–69 nicht nur kein Ozon gebildet sondern daß vielmehr Ozon durch die großstädtischen Luftverunreinigungen abgebaut wurde. Hiernach hat damals offenbar reduzierender Smog in Berlin wie auch in anderen Regionen Mitteleuropas vorgeherrscht.

Seither ist auf Grund der Zunahme der NO_x-Emission, überwiegend durch die stark gewachsene Kraftfahrzeugdichte, der Stickoxidpegel in Mitteleuropa weiter angewachsen, und inzwischen ist durch zahlreiche Messungen nachgewiesen, daß die Strahlungsverhältnisse in Mittel- und sogar Nordeuropa, insbesondere während langanhaltender Hochdruckwetterlagen, durchaus zur Ozonbildung durch photochemische Reaktionen, die den Ozonabbau durch reduzierende Bestandteile überwiegt, ausreichend sind. Erstmals wurden 1969 in Delft in den Niederlanden Ozonwerte über 200 ppb gemessen [79]. In den Folgejahren wurden erhöhte Ozonkonzentrationen dann auch in Großbritannien, in der Bundesrepublik, in Österreich, ja selbst in Schweden und Norwegen gemessen [76].

Abbildung 24 zeigt das Beispiel einer photochemischen Smogepisode im Großraum Köln-Bonn [80]. Dieses Beispiel ist insofern besonders illustrativ, als gleichzeitig mit Ozon an einer der 5 Registrierstationen auch PAN gemessen wurde. Der zeitliche Verlauf der PAN-Konzentration entspricht etwa dem des Ozons, was beweist, daß es sich eindeutig um photochemischen Smog handelt, bei dem Kohlenwasserstoffe und Stickoxide als Vorläufersubstanzen (precursors) in ausreichenden Konzentrationen beteiligt waren. Es gibt inzwischen zahlreiche Beispiele solcher Smogepisoden, bei denen neben Ozon und PAN auch Kohlenwasserstoffe und Stickoxide registriert wurden (siehe z. B. [76]). Abbildung 24 zeigt auch, wie sich unter dem Einfluß schwacher Winde aus N/NW das Ozonmaximum von der Stadtmitte Köln-Eifelwall über Bonn zur Station Ölberg nach S/SO verschiebt.

Die Häufigkeit und Intensität derartiger Smogperioden hängt, da Sonnenstrahlung zur Bildung der Oxidantien Ozon und PAN erforderlich ist, von der jeweiligen Großwetterlage ab. So wurden zum Beispiel im Schönwetterjahr 1976 in Köln-Godorf in 100 Fällen halbstündige Ozonmittel über 80 ppb gemessen; 40mal wurden 100 ppb und 4mal 150 ppb überschritten. In den Jahren 1977 bis 1980 wurden lediglich die Schwellwerte 80 ppb und 100 ppb überschritten (was immerhin einer Verdoppe-

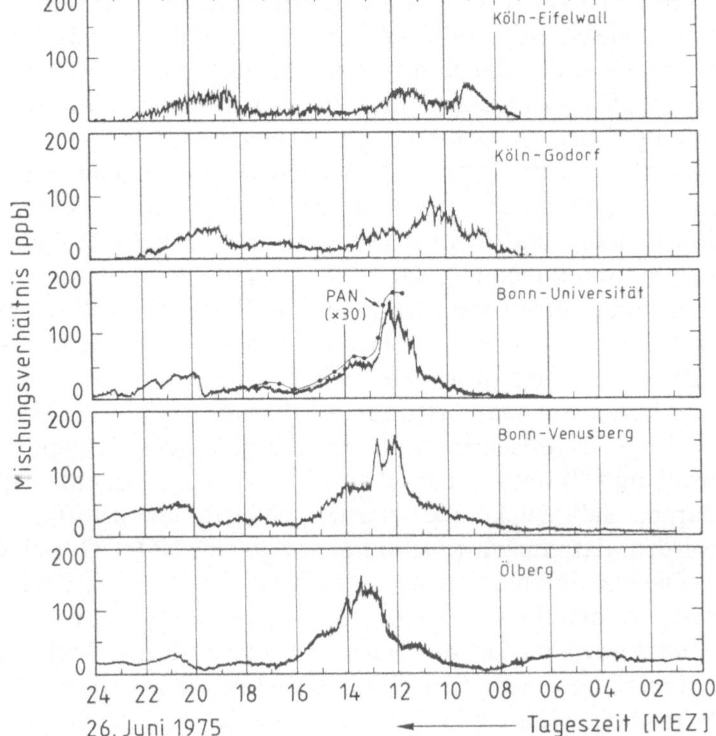

Abb. 24. Beispiel einer photochemischen Smogperiode im Großraum Köln-Bonn. Die hier gezeigten Ozon-Mischungsverhältnisse sind mehr als 5mal höher als der natürliche Ozonpegel. Die Tageszeit verläuft von rechts nach links. (Nach [76])

lung bis Verdreifachung der natürlichen Ozonkonzentration entspricht), 150 ppb wurden während dieser Zeit jedoch nicht erreicht. 1981 nahmen die Smogepisoden sprunghaft zu: 311mal wurden 80 ppb, 172mal 100 ppb und 37mal 150 ppb überschritten, wobei Spitzenwerte über 250 ppb beobachtet wurden [76].

Ähnliche Meßergebnisse liegen auch aus anderen deutschen Großstädten vor. Ozonpegel über 200 ppb wurden in Mannheim, Frankfurt/Main, Karlsruhe und Bonn gemessen, während Spitzenwerte über 100 ppb in Hannover, Braunschweig, Essen, Ludwigshafen, Nürnberg, Heilbronn, Stuttgart und München vorkommen [76].

Die Messung der PAN-Verbindungen ist schwierig. Während es für Ozon kommerzielle Meßgeräte gibt, die eine kontinuierliche Registrierung gestatten, lassen sich PAN-Konzentrationen nur diskontinuierlich durch aufwendige gaschromatographische Analysen von Luftproben bestimmen. Aus diesem Grund liegen bislang nur wenige und sporadische PAN-

Messungen vor. Da PAN als Folgeprodukt photochemischer Smogreaktionen gleichzeitig mit Ozon gebildet wird, dürften erhöhte Ozonkonzentrationen in der Regel mit einem Anstieg von PAN verbunden sein. Die ersten PAN-Messungen in Europa wurden in Harwell in Südengland durchgeführt, wo während photochemischer Smogepisoden bis 8,9 ppb gefunden wurden [81]. PAN-Messungen in Kopenhagen, Göteborg und Paris ergaben Werte bis zu 4 ppb [82, 83]. Erste Messungen aus Bonn, Essen, Köln und München zeigen, daß dort PAN-Spitzenwerte bis zu 6 ppb vorkommen [76, 84].

Erhöhte Ozonkonzentrationen als Folge photochemischer Smogreaktionen sind nicht auf die eigentlichen Ballungsräume beschränkt. Vielmehr sind „Reinluftgebiete" wie der Schwarzwald oder der Bayerische Wald häufig stärker betroffen als die eigentlichen Emissionsregionen. So sind im Bayerischen Wald Spitzenwerte über 100 ppb, im Schwarzwald und Taunus sogar über 150 ppb keine Seltenheit [80]. Dies liegt daran, daß Stickoxide überwiegend als Stickstoffmonoxid emittiert werden, das zunächst Ozon abbaut gemäß $NO + O_3 \rightarrow NO_2 + O_2$.

Die Ozonbildung erfolgt zeitlich verzögert in anschließenden Reaktionen, so daß in der Regel die höchsten Ozonkonzentrationen weiter windabwärts im Lee der Schadstoffquellen beobachtet werden.

Messungen aus dem Bodenseegebiet zeigen dies sehr deutlich. In Vorarlberg wie auch im Kanton St. Gallen sind die Ozonkonzentrationen über den Waldgebieten des Berglandes höher als im verkehrsreichen Rheintal oberhalb Bregenz bzw. im Großraum St. Gallen. Dort, wo die Primärsubstanzen emittiert werden, geht abends die Ozonkonzentration wegen der Reaktion mit NO auf sehr niedrige Werte zurück, die bis zum nächsten Tag anhalten. Im Bergwald jedoch, wo kein NO emittiert wird, bleiben die hohen Tageswerte nur wenig geschwächt auch während der Nacht erhalten, so daß insgesamt der Bergwald wesentlich höheren Ozonbelastungen ausgesetzt ist als die verkehrsreichen Täler [85, 86].

Da sowohl die primär emittierten Stickoxide, Kohlenmonoxid und Kohlenwasserstoffe wie auch das daraus gebildete Ozon in der Troposphäre Lebensdauern besitzen, die je nach Substanz Stunden bis mehrere Tage betragen, wird das Gemisch dieser Stoffe mit den Luftströmungen verteilt. Eine Zuordnung gemessener Immissionen zu einzelnen Emissionsquellen ist praktisch nur im direkten Nahbereich möglich. Als Folge der über die vergangenen 30 Jahre gewachsenen Stickoxidpegel hat die mittlere Ozonkonzentration laufend zugenommen. In Mitteleuropa beträgt diese Zunahme seit den sechziger Jahren etwa 60 %, und sie setzt sich mit 2 % pro Jahr ungebremst fort [76, 87, 88, 89].

Das Anwachsen des Ozonpegels umfaßt, wie die Ergebnisse der Radiosondenmessungen am Hohenpeißenberg zeigen, die gesamte Tropo-

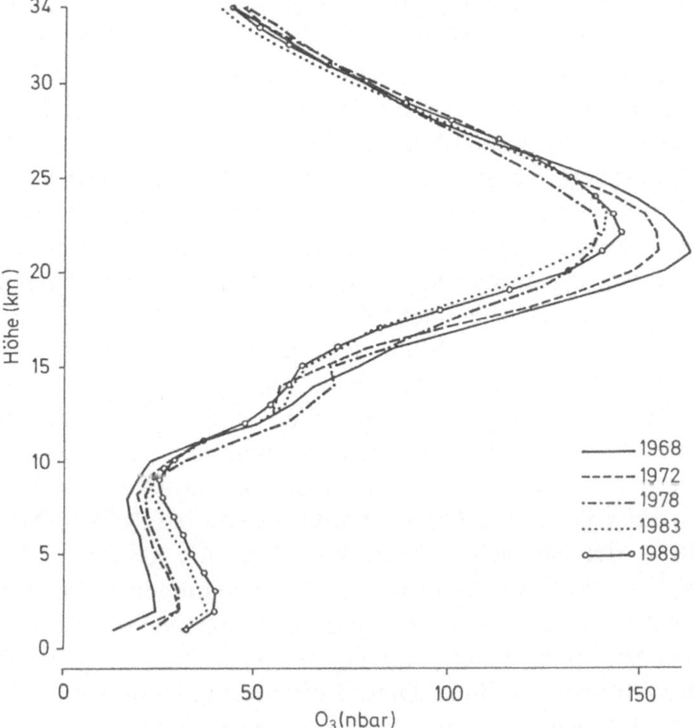

Abb. 25. Veränderungen der vertikalen Ozonverteilung nach Radiosondenmessungen über dem Meteorologischen Observatorium Hohenpeißenberg. Die aufgetragenen Profile sind jährlich über viele Einzelprofile gemittelt. Sie zeigen deutlich, daß im gesamten Troposphärenbereich bis 12 km Höhe seit den sechziger Jahren eine Ozonzunahme um etwa 60 Prozent erfolgt ist. Oberhalb 20 km ist umgekehrt eine Ozonabnahme festzustellen (siehe hierzu Abschnitt 4.5). Der hier verwendete Ozon–Partialdruck in nbar wurde bereits in der Bildunterschrift von Abb. 6 erläutert. Nach Wege et al. [89]

sphäre bis etwa 12 km Höhe (Abb. 25). Es zeigt damit, daß es sich um ein großräumiges Phänomen von kontinentalen Dimensionen handelt. Aus der Zunahme des Ozons müssen wir schließen, daß die Luft Mitteleuropas zunehmend von Luftverunreinigungen, insbesondere photochemischen Oxidantien wie Ozon, Aldehyden und PAN-Verbindungen, geprägt ist.

Die Emission von Stickoxiden, Kohlenmonoxid und Kohlenwasserstoffen, überwiegend aus Kraftfahrzeugen, ist die Ursache für den fortgesetzten Anstieg des troposphärischen Ozongehaltes über Europa und Nordamerika.

Die großflächige Tropenwaldvernichtung, überwiegend durch Brandrodung, hat inzwischen eine neue Photosmogquelle eröffnet, durch die weite Teile Südamerikas und Afrikas betroffen sind. Allein im brasilianischen

Staat Rondônia, der 1970 noch nahezu intakte Waldflächen aufwies, werden heute etwa 50 000 qkm pro Jahr abgebrannt. Aufnahmen hochauflösender Satellitenkameras zeigen, wie sich die Feuer der Brandrodungen entlang der Straßen grätenförmig in den Wald hineinfressen. Auf einer Fläche von 250 000 qkm können hier pro Nacht bis zu 30 000 Einzelfeuer identifiziert werden [90]. Diese großflächige Biomasseverbrennung ist Ursache vielfältiger ökologischer Veränderungen. Neben der Reduktion der Artenvielfalt von Flora und Fauna, die hier nicht diskutiert werden soll, werden durch die Verbrennung beträchtliche Mengen an CO_2, das sich weltweit verteilt und den globalen Treibhauseffekt verstärkt (siehe Abschnitt 4.8), sowie Stickoxide, Kohlenmonoxid und Kohlenwasserstoffe freigesetzt [91], Vorläufersubstanzen also für photochemischen Smog.

Erste Messungen aus Brasilien und aus dem Kongo zeigen, daß tatsächlich hohe Ozonkonzentrationen bis zu 160 ppb in diesen Regionen auftreten [92]. Insgesamt führt die Biomasseverbrennung in den Tropen zu einer jährlichen Ozonproduktion von 420 Mio t. Dies entspricht etwa 40 % der jährlichen Produktion in der gesamten Troposphäre [90]. Neben Gasen werden durch die Brandrodungen große Mengen Aerosole in die Atmosphäre emittiert. Zusätzliche Partikel werden durch photochemische Smogreaktionen gebildet, was insgesamt zu einer verstärkten Trübung der Atmosphäre führt. Diese Lufttrübung kann vom Weltraum aus direkt verfolgt werden. Ein besonders eindrucksvolles Beispiel einer über 3 Millionen qkm großen milchig–trübdiffusen Partikelwolke, die praktisch das gesamte Amazonasgebiet bedeckte, wurde durch die Astronauten der Raumfähre Discovery im September 1988 photographiert [93].

Abschließend sei auf eine andere Art von Smog hingewiesen, die gelegentlich in Mitteleuropa während der Wintermonate auftritt, wenn sich einfließende warme Meeresluft über die auf der Erdoberfläche liegende Kaltluft schiebt. Als Folge dieser Inversionswetterlage können dann Abgase aus Heizungen, Motoren und Industrieanlagen nicht mehr nach oben abtransportiert werden. Bei stagnierender Luftbewegung am Boden reichern sich die Schadstoffe an, „Smogalarm" wird gegeben, wenn die kritische Wetterlage mehr als 24 Stunden anhält und eine bestimmte Schadstoffkonzentration überschritten wird. Besonders bei Kohle als Brennstoff entwickelt vor allem Schwefeldioxid in Verbindung mit Feinstaub eine hohe Schädlichkeit. Aus diesem Grunde gibt es beispielsweise in der neuen Smogverordnung Nordrhein-Westfalens einen sogenannten Kombinationsindex für den Gehalt an SO_2 und Staub in der Luft. Zusätzlich werden die Stickoxid- und Kohlenmonoxid-Konzentrationen überwacht, die größtenteils aus Autoabgasen stammen. Auch bei dieser Art von Smog können unter Einfluß von Sonnenstrahlung photochemische Produkte gebildet werden.

4.2 Saurer Regen

Regen- und Schneefälle sind die wichtigsten Reinigungsprozesse unserer Atmosphäre. Sie sorgen dafür, daß Substanzen, welche durch natürliche und anthropogene Prozesse in die Atmosphäre gelangen, nach deren Oxidation und Umwandlung in wasserlösliche Endprodukte (Senkengase) wieder ausgewaschen werden. Bei dieser Umwandlung spielen Reaktionen mit Radikalen, in der Stratosphäre zusätzlich die Photolyse durch UV-Strahlung, eine wichtige Rolle. In geringerem Umfang setzen sich gasförmige Spurenbestandteile und Partikel auch direkt an der Erdoberfläche ab („dry deposition"). Das Auswaschen durch Niederschläge („rainout" oder „washout") ist der weitaus dominierende Prozeß.

Auch ohne den Einfluß menschlicher Aktivitäten könnte Regenwasser niemals chemisch neutral sein. Dies liegt daran, daß durch den Zufluß natürlicher Quellgase in die Atmosphäre Senkengase wie HNO_3, HCl oder H_2SO_4 gebildet werden, die im Wasser gelöst Säuren ergeben. Zum anderen führt auch Kohlendioxid, das sich in Wolken- und Regenwasser löst, zur Säurebildung. Im Lösungsgleichgewicht entspricht der atmosphärischen CO_2-Konzentration ein pH-Wert im Niederschlag von pH = 5,6. Der pH-Wert ist ein logarithmisches Maß für die Konzentration der Wasserstoff-Ionen in wäßriger Lösung. Eine neutrale Lösung hat pH = 7, ansteigende pH > 7 weisen basische, abfallende pH < 7 saure Eigenschaften aus. Logarithmisch heißt in diesem Fall, daß bei einem Rückgang des pH-Wertes um eine Einheit, von 5 auf 4 oder von 4 auf 3, der Gehalt an Wasserstoffionen in der Lösung jeweils um den Faktor 10 zunimmt, von 5 auf 3 also um den Faktor 100. Die natürlichen Senkengase erhöhen den Säuregehalt und erniedrigen damit den pH-Wert; auf der anderen Seite bewirkt der natürliche Gehalt an Ammoniak (s. Abschnitt 3.4), das sich teilweise in Wolken- und Niederschlagstropfen löst, eine gewisse Neutralisation. Der durchschnittliche pH-Wert von Regenwasser, unbeeinflußt von anthropogenen Effekten, dürfte demnach zwischen 5 und 5,6 liegen [73]. Regenwasser hat also grundsätzlich sauren Charakter, es sei denn, daß durch anthropogene Emissionen basischer Substanzen, zum Beispiel von Zementfabriken [74], lokal eine Neutralisation erfolgt.

Das Umweltproblem, das der saure Regen heute darstellt, besteht darin, daß der Säuregehalt im Niederschlag in vielen Regionen der Erde deutlich zugenommen hat. In weiten Gebieten Europas und Nordamerikas liegen die mittleren pH-Werte der Niederschläge zwischen 4 und 4,5 [95–97], in weniger dicht besiedelten Regionen wie Bermuda, Nordaustralien oder Venezuela werden durchschnittliche pH-Werte von 4,8 gemessen [98]. Die direkte Analyse von Wolkentropfen über einer so abgelegenen Inselgruppe wie Hawaii lieferte sogar pH-Werte zwischen 4,2 und 4,7 [99]. Entscheidend

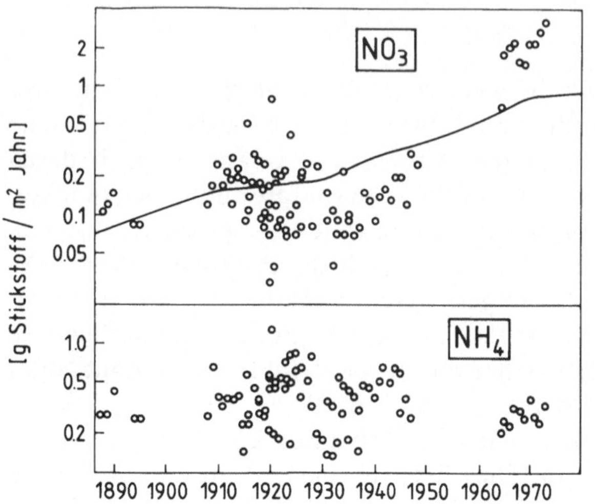

Abb. 26. Gehalt an Nitrat und Ammonium im Niederschlag, gemessen an verschiedenen Stationen im Osten der USA. (Nach [100])

für die Auswirkungen ist aber nicht so sehr der pH-Wert selbst, der ja auch von der Häufigkeit und Ergiebigkeit der Niederschläge abhängt, als vielmehr die Gesamtmenge an Säuren, die pro Jahr über einer bestimmten Fläche deponiert werden. Daß die Säuredeposition durch die Niederschläge tatsächlich im Laufe der letzten 100 Jahre zugenommen hat, wird durch Abb. 26 verdeutlicht: Während sich die mit dem Regen über dem Osten Nordamerikas pro Jahr deponierte Nitrat-Menge von 1890 bis 1970 etwa verzehnfacht hat, blieb der Anteil von Ammonium, das überwiegend aus natürlichen Quellen stammt, unverändert [100].

Die Ursache für die Zunahme des Säuregehaltes der Niederschläge liegt in der verstärkten anthropogenen Emission von Schwefeldioxid und Stickoxiden, die in der Atmosphäre in Schwefelsäure und Salpetersäure übergeführt werden (s. Abb. 21). Die Reaktionen der Stickoxide zu Salpetersäure laufen nach dem einfachen Schema, das im oberen Teil der Abb. 27 dargestellt ist. Die Oxidation von Schwefeldioxid zu Schwefelsäure ist wesentlich komplizierter, denn nur ein Teil des SO_2 wird in der Gasphase in H_2SO_4 übergeführt. Diese Reaktionskette ist im mittleren Teil der Abb. 27 schematisch dargestellt. Ein großer Teil der SO_2 wird aber direkt in der Wolke in Sulfat-Ionen SO_4^{2-} umgewandelt. Diese Oxidation erfolgt in der flüssigen Phase: Gasförmiges SO_2 löst sich in den Wolkentropfen und bildet dabei HSO_3^- und SO_3^{2-}, welche dann zu SO_4^{2-} oxidiert werden. An dieser Oxidation sind wahrscheinlich in den Wolkentropfen gelöstes O_3 und H_2O_2 beteiligt (s. unterer Teil der Abb. 27). Man

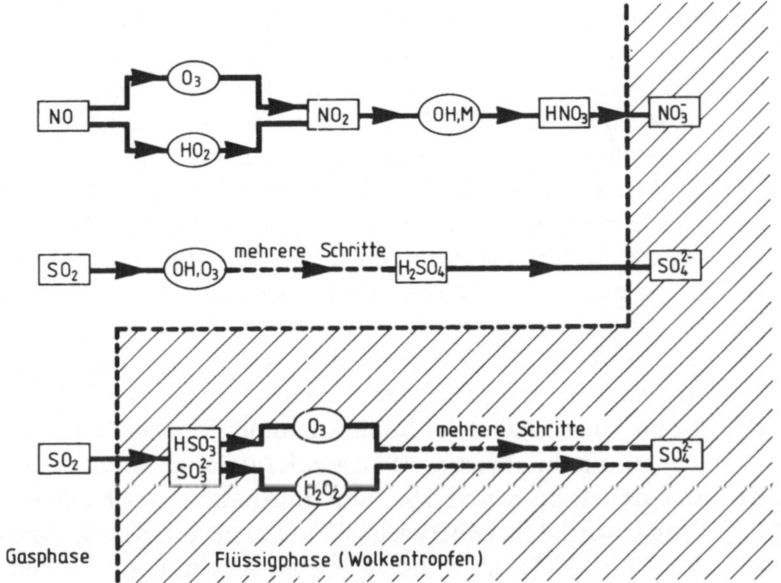

Abb. 27. Schema der Säurebildung aus Stickoxid und Schwefeldioxid

bezeichnet derartige Reaktionen, an denen Substanzen in verschiedenen Phasen beteiligt sind, als heterogene Reaktionen. Wie die einzelnen Schritte dieser SO_2-Oxidation im Detail ablaufen, ist noch umstritten [101].

Schwefeldioxid entsteht überwiegend bei der Verbrennung von schwefelhaltiger Kohle und Öl in Großfeuerungsanlagen, Kraftwerken und beim Hausbrand, in Hüttenwerken und anderen Industriebetrieben. 1980 wurden in der Bundesrepublik Deutschland insgesamt 4,5 Millionen Tonnen SO_2 in die Atmosphäre abgelassen, wobei 60% aus Kraft- und Fernheizwerken, 29% aus Industriebetrieben, 9% aus Haushalten und Kleinverbrauchern und 2% aus dem Sektor Verkehr stammten [102]. Da der überwiegende Anteil des emittierten SO_2 nicht in die bodennahe Luftschicht sondern aus hohen Schornsteinen in größere Höhen gelangt, wo stärkere Luftströmungen vorherrschen, können SO_2 und dessen Folgeprodukte über große Distanzen verfrachtet werden. Mit 4 Tagen hat SO_2 eine etwa 4mal längere troposphärische Lebensdauer als Stickoxide (Abb. 20). Während photochemischer Smog in der Regel auf das eigentliche NO_x-Emissionsgebiet und die angrenzende windabwärts gelegene Region beschränkt bleibt, kann saurer Regen als Folge starker SO_2-Produktion in beträchtlichem Abstand von der Quelle der Verunreinigung beobachtet werden; bei durchaus gemäßigten Windverhältnissen kann sich das gebildete Sulfat innerhalb von 4 Tagen 2000 km windabwärts befinden. Das Phänomen des sauren Regens ist somit ein regionales

Problem, das sich auch über Landesgrenzen hinweg auswirkt. So erhalten weite Regionen Südkanadas erhöhte Sulfat-Mengen im Niederschlag als Folge der SO_2-Emission US-amerikanischer Industriebetriebe im Gebiet der Großen Seen, und der Regen, der über Skandinavien fällt, enthält Sulfat, dessen SO_2-Quellen überwiegend in Großbritannien liegen. Die Ergebnisse langjähriger Meßreihen in Südschweden, einer überwiegend landwirtschaftlich genutzten Region, zeigen, daß nur 30% des Sulfat-Gehaltes im Boden aus natürlichen, 70% dagegen aus anthropogenen Quellen stammen. Von diesen sind aber nur 20% schwedischen Ursprungs, die restlichen 50% kommen aus anderen Ländern [73].

Salpetersäure bildet sich aus Stickoxiden, die überwiegend durch Kraftfahrzeuge freigesetzt werden. Von den insgesamt 3 Millionen Tonnen NO_x, die im Jahre 1980 in der Bundesrepublik emittiert wurden, stammten 45% aus Automobilabgasen, 31% aus Kraft- und Fernheizwerken, 19% aus Industriebetrieben und 5% von Haushalten und Kleinverbrauchern [102]. Primär wird dabei überwiegend NO emittiert, das sich in kurzer Zeit größtenteils in NO_2 umwandelt (siehe Abschnitte 3.2 und 4.1). Im Vergleich zu SO_2 wird nur etwa halb so viel NO_x aus hohen Schornsteinen abgelassen. Für Nitrat ist der Ferntransport-Anteil deshalb geringer als für Sulfat. Da HNO_3 eine etwa doppelt so lange troposphärische Lebensdauer wie NO_x hat (siehe Abb. 20), kann das gebildete Nitrat dennoch über viele hundert Kilometer verfrachtet werden.

Die erhöhte Säuredeposition zeigt mannigfache Auswirkungen. So sind Gebäudefassaden stärkerer Erosionswirkung ausgesetzt. Steinerne Skulpturen gotischer Kathedralen, die Jahrhunderte ohne nennenswerten Schaden überdauert haben, verlieren innerhalb weniger Jahre ihre Konturen und verfallen. Sicher ist, daß die Erhöhung des Säuregehaltes einen Eingriff in die Ökosysteme der Böden, Flüsse und Binnenseen darstellt. Es gibt Anzeichen dafür, daß in vielen Gebieten unmittelbare Folgen dieses Eingriffs eingetreten sind, speziell in den Binnengewässern, wo die Zunahme des Säuregehaltes zum Aussterben bestimmter Tier- und Pflanzenarten geführt hat. So wurde bei 5000 Seen in einem Gebiet von 28 000 km² im Süden Norwegens ein allgemeiner Rückgang an Phyto- und Zooplankton festgestellt. 1750 dieser Seen haben durch Versauerung bereits ihre gesamte Amphibien- und Fischpopulation verloren, 900 weitere erwiesen sich als schwer geschädigt [103]. Ähnliche Symptome werden auch im Seengebiet der Neuenglandstaaten beobachtet, wo der Säuregehalt der Niederschläge heute auf etwa 30- bis 40mal so hoch geschätzt wird wie derjenige, der unter Reinluftbedingungen zu erwarten wäre [104].

Bei vielen Böden zeigt die anhaltende Säurezufuhr erste und ernstzunehmende Folgen. Eine Konsequenz der Bodenversauerung ist das Auswaschen von Nährstoffen mit dem Sickerwasser. Calcium, Kalium und Magnesium, für das Pflanzenwachstum lebenswichtige Substanzen, werden durch die Säuren gelöst und regelrecht fortgeschwemmt. Sie können nicht mehr erneuert werden, weshalb viele Waldböden Mitteleuropas inzwischen ihre Funktion als Speicher und Lieferant von Nährstoffen eingebüßt haben [105–107]. Bei stärkerer Versauerung, wenn der Boden-pH-Wert unter 4,2 absinkt, lösen die Säuren Metalle wie Aluminium, Kupfer, Zink, Kadmium, Mangan und Blei, welche dann den Boden, das Grundwasser, Seen und Flüsse vergiften [108]. Derartige Prozesse sind verhältnismäßig gut erforscht. So konnte der Zusammenhang zwischen Schwefelsäure-Eintrag, Boden-pH-Wert und den Freisetzungsraten von Calcium, Magnesium sowie Aluminium für verschiedene Fichten-, Kiefern- und Birkenwälder durch künstliche Beregnungsversuche quantitativ bestimmt werden [109].

Viele Böden vermögen die anhaltende Säurezufuhr durch basische Bodenbestandteile eine Zeitlang zu neutralisieren. Diese Pufferwirkung ist vor allem bei kalkhaltigen Böden gegeben. Solange ein Überschuß an Calcium-Carbonat ($CaCO_3$) vorhanden ist, kann der Boden-pH-Wert nicht unter 6,2 absinken. Niedrigere pH-Werte zeigen an, daß $CaCO_3$ nicht vorhanden oder bereits zur Neutralisation der Säurezufuhr aufgebraucht ist. Nimmt die Bodenversauerung weiter zu, stellen Silikate einen Puffer dar, der bis zu Boden-pH-Werten von 5,0 stabilisierend wirkt. Aus dem Silikatgitter in diesem pH-Bereich freigesetzte Alkali- und Erdalkali-Kationen wie K^+ oder Ca_2^+ vermögen die Säure-Anionen NO_3^- und SO_4^{2-} zu neutralisieren. Dieser Pufferprozeß ist jedoch limitiert durch das Angebot und die Verwitterungsrate von Silikaten. Sind diese aufgebraucht, kann die Versauerung bei anhaltendem Säureeintrag weiter zunehmen und zu den bereits genannten Folgen führen: Auswaschen der für das Pflanzenwachstum notwendigen Nährstoffe sowie Freisetzung giftiger Metalle, insbesondere Aluminium.

Dieser Zustand ist in weiten Bereichen Mitteleuropas bereits erreicht, was sicherlich einer der Faktoren ist, die zum gegenwärtig beobachteten Waldsterben beitragen. Wie Ulrich [107] anhand von Stoffhaushalts-Untersuchungen im Solling gezeigt hat, kann der Wald dort nur weiterwachsen, weil er seinen Nährstoffbedarf weitgehend aus den eingetragenen Luftverunreinigungen deckt! Man kann also von einer regelrechten Düngung durch die Schadstoffe in der Luft sprechen. Wie die Tabelle 5 veranschaulicht, werden die zum Waldwachstum notwendigen Mengen an Schwefel, Stickstoff, Calcium und Magnesium bereits zu über 50% durch die Luft herantransportiert. Kurzfristig kann dieser Düngeeffekt bei bestimmten Böden, z. B. bei Schwefelmangel vorteilhaft sein. Langfristig führt die anhaltende Säurezufuhr aber zu höchst ungünstigen Veränderun-

Tabelle 5. Die Luftverschmutzung als Nährstoffquelle (Ref. [107])

	Wasserstoff	Natrium	Kalium	Kalzium	Magnesium	Mangan	Stickstoff	Schwefel	Phosphor	Chlor
[in Mol, einer Maßzahl für die Anzahl der Teilchen, pro Hektar und Jahr]										
Ein 125jähriger Buchenwald im Solling nimmt an Nährstoffen auf:	0	130	1200	1900	520	420	5800	640	270	100
Durch die Luft gelangen in diesen Wald:	1600	540	310	1100	320	60	2800	3000	5	850

gen: Die auf Grund starker Bodenversauerung gelösten Metalle führen zu einer regelrechten Vergiftung des Bodens. Die Giftwirkung von Aluminium und von Schwermetallen wie Kadmium, Mangan und Blei ist seit langem bekannt: Das Metall lagert sich bevorzugt in den Zellen der Wurzeln an, und eindringende Säure führt zur Bildung giftiger Kation-Säuren im Pflanzengewebe. Als Folge davon sterben Wurzeln, besonders im Bereich des für die Wasseraufnahme wichtigen Feinwurzelwerkes, ab [108, 110]. Darüberhinaus schädigen im Boden freigesetzte Aluminium- und Schwermetall-Ionen die Bodenflora und -fauna: Bakterien, Mikroorganismen, Pilze, Würmer und Insekten, die für die Verwesung von Laub und Nadeln sowie die Durchlüftung des Bodens erforderlich sind. Die Fülle der vorliegenden Messungen weist aus, daß das Ökosystem Waldboden in weiten Bereichen Mitteleuropas als Folge der Säureeinträge deutlich geschädigt ist (siehe z. B. [105]).

4.3 Zur Problematik des Waldsterbens

Waldschäden als Folge hoher Immissionsbelastung in der direkten Nachbarschaft bestimmter Industrieanlagen, insbesondere Metallhütten, sind eine schon im 19. Jahrhundert bekannte Erscheinung, die mit der zunehmenden Industrialisierung Hand in Hand ging. Als Beispiel in Mitteleuropa seien die zerstörten Wälder an den Metallhütten des Harzes und Erzgebirges, in Oberschlesien, im Ruhr- und Saargebiet genannt. In einigen dieser ursprünglichen Schadensgebiete konnte sich der Wald seither weitgehend regenerieren, da die Immissionsbelastung drastisch reduziert werden konnte. So gibt es im Harz bis auf einen Betrieb am Nordrand keine aktiven Metallhütten mehr, und auch an Ruhr und Saar haben wirtschaftliche Umstrukturierungen in Verbindungen mit verschärften Emissionsvorschriften, nicht zuletzt die „Politik der hohen Schornsteine", zu einer deutlichen Besserung geführt.

Seit etwa 20 Jahren haben wir es mit einem neuen Phänomen zu tun: Aus fast allen Gebieten Mitteleuropas werden schwere und offensichtlich weiter fortschreitende Waldschäden gemeldet, wobei besonders auch Erholungsgebiete mit „Reinluftbedingungen" wie Alpen, Schwarzwald, Bayrischer Wald sowie die mittel- und norddeutschen Mittelgebirge betroffen sind. Seit Beginn der siebziger Jahre ist das „Tannensterben" zu beobachten; zuerst waren nur die ältesten, inzwischen sind auch die 10- bis 15jährigen Bäume betroffen. Die Krankheit bedroht in Ostbayern und im Schwarzwald die Existenz der Weißtanne schlechthin. Die Erkrankung der Fichten trat in der Bundesrepublik zuerst 1980 auf. Im Flachland sind vornehmlich die Altfichten geschädigt, in den Hochlagen der Mittelgebirge, wo die Schäden besonders groß sind, trifft es auch junge Bäume. Das „Kiefernsterben" ist schon länger bekannt, die Krankheit trat in der ehemaligen DDR und im Nürnberger Reichswald schon früher auf. Eine neuere Baumkrankheit ist das „Buchensterben". Sie befällt Rotbuchen jeglichen Alters, kann innerhalb einer Vegetationsperiode zum Tode führen und ist offenbar von den aufgezählten Krankheiten die aggressivste [111]. Seit Mitte der achtziger Jahre zeigen auch die Eichen zunehmend Schadensmerkmale [112, 113].

Nach einer Bestandsaufnahme des Bundesministeriums für Ernährung, Landwirtschaft und Forsten waren 1985 im Bundesgebiet mit 3,8 Millionen ha etwa 52% aller Waldflächen sichtbar erkrankt. Hierbei sind 4 Schadensstufen zusammengefaßt: In der Stufe 1 (schwach geschädigt), die 37,7% ausmacht, sind Vitalitätsverluste der Bäume in einem frühen Stadium erfaßt, wobei gute Chancen für eine Revitalisierung bestehen. Deutliche Krankheitsbilder zeigen die Bestände der Schadstufen 2 (mittelstark geschädigt), sowie 3 und 4 (stark geschädigt bzw. bereits abgestorben), die 1985 17% sowie 2,2% des bundesdeutschen Waldbestandes ausmachten [112]. Bezogen auf die einzelnen Baumarten waren 1985 etwa 87% aller Tannen- und zwischen 52 und 57% aller Fichten-, Kiefern-, Buchen- und Eichenbestände deutlich geschädigt.

Bedenkt man, daß sich diese sichtbaren Waldschäden im wesentlichen erst seit etwa 1970 entwickelt haben, so wird das Ausmaß und vor allem das rapide Anwachsen des Waldsterbens deutlich. Besonders alarmierend waren die Ergebnisse der Waldschadenserhebung 1984, die gegenüber 1983 eine Zunahme der geschädigten Waldflächen um etwa 16% ergeben hatte. Nach der Erhebung von 1985 betrug die Zunahme gegenüber 1984

„nur" noch knapp 2%. Hiernach sah es so aus, als habe sich das Fortschreiten des Ausmaßes der Waldschäden verlangsamt. Diese Zunahme lag aber ausschließlich im Bereich der mittleren und starken Schäden und umfaßte immerhin eine Fläche von etwa 140000 ha. Nach wie vor bestand im alten Bundesgebiet ein deutliches Süd-Nord-Gefälle der Waldschäden; die südlichen Länder Bayern und Baden-Württemberg waren mit einer geschädigten Waldfläche von über 60% am stärksten betroffen.

Nach der Waldschadenserhebung von 1991 [113] war in den alten Bundesländern der Anteil ungeschädigter Bäume auf 40 Prozent zurückgegangen. Die Anteile der schwachgeschädigten (Schadklasse 1) und der deutlich geschädigten Bäume (Schadklasse 2–4) waren dagegen auf 40 Prozent bzw. 20 Prozent angestiegen. Hierbei fällt ein vergleichsweise starker Schub der Nadel/Blattverluste seit 1989 (für 1990 liegen wegen der starken Sturmschäden keine Daten vor) auf.

In den neuen Bundesländern, die bei der Erhebung von 1991 erstmalig miterfaßt worden waren, lag der Anteil der deutlich geschädigten Bäume (Klassen 2 bis 4) mit 38% fast doppelt so hoch wie in den alten Bundesländern. 35% der Bäume waren schwach geschädigt (Klasse 1), und nur 27% waren ohne Schadmerkmale. Damit waren 1991 etwa zwei Drittel aller gesamtdeutschen Waldbäume geschädigt [113].

Das Waldsterben ist nicht auf die Bundesrepublik Deutschland beschränkt. Ähnlich alarmierende Befunde werden aus der Tschechoslowakei, aus Polen, Österreich, Jugoslawien, der Schweiz und Frankreich berichtet [103, 114]. Der gesamte Waldbestand Zentraleuropas ist bedroht, wobei das zukünftige Ausmaß der Waldschädigungen und die damit verbundenen Folgen heute nicht abzusehen sind.

Wir können zur Zeit nicht sagen, welches *die Ursache* des gegenwärtigen Baum- und Waldsterbens ist. Alle Befunde deuten darauf hin, daß es sich hierbei um ein äußerst komplexes Phänomen handelt, bei dem mehrere Ursachen zusammenwirken. Eine einfache Kausalkette von Ursache (z. B. Luftverunreinigung) und Wirkung (Auftreten von Absterbesymptomen) läßt sich im allgemeinen nicht ermitteln. Wir müssen vielmehr das Ökosystem Wald als ganzes betrachten: die oberirdischen Baumteile und die sie umgebende Luft mit allen ihren Beimengungen, den Bodenraum, die Wurzeln, die Mikroorganismen sowie die an der Zersetzung beteiligte Tiergemeinschaft, das Bodengefüge, den Wasser- und Nährstoffhaushalt. Dieses System ist dauernd oder zeitweise Belastungen ausgesetzt, die zu Störungen und damit zu einer Destabilisierung führen. Zu den natürlichen Belastungen wie langanhaltenden Dürreperioden oder Schädlingsbefall kommen heute eine Vielzahl weiterer Belastungen, die wir selbst verursachen, z. B. die Einwirkung von Schadgasen und deren Folgeprodukten wie Ozon, PAN und Säuren auf die Blattorgane oder die Einwirkungen erhöhter Säureeinträge im Boden und Wurzelraum.

Die Destabilisierung des Ökosystems ist feststellbar, selbst wenn die Bäume noch keine sichtbare Schädigung erkennen lassen. Bei Anhalten der Belastung des Ökosystems kommt es zur Vitalitätsminderung der Organismen und schließlich, vielfach erst nach Jahren, zum Auftreten von Absterbesymptomen (siehe z. B. [105, 107, 115–117]). Dieses Stadium ist, wie die Waldschadenserhebung zeigt, heute in weiten Bereichen unserer Wälder erreicht.

Die wichtigsten Belastungskomplexe des Ökosystems Wald, die für das heutige Baumsterben in Mitteleuropa verantwortlich gemacht werden müssen, haben wir bereits in den vorangegangenen Abschnitten 4.1 und 4.2 kennengelernt.

Der eine Komplex umfaßt die Giftwirkung des SO_2 und anderer gasförmig einwirkender Luftverunreinigungen oder ihrer Folgeprodukte auf die Blattorgane. So trägt der photochemische Smog mit seinen aggressiven Reaktionsprodukten Ozon und PAN vermutlich zum Waldsterben bei. Über die Einwirkung solcher Schadstoffe auf Pflanzen liegen inzwischen zahlreiche Versuchsergebnisse vor (siehe z. B. [118, 119]). Schwefeldioxid führt unter anderem zu Veränderungen in der Aktivität bestimmter Enzymsysteme, zu Änderungen in der Feinstruktur der Blattgrünkörper (Chloroplasten) sowie zu einer Beeinträchtigung der Regulationsfähigkeit der Spaltöffnungen. Typische PAN-Schäden werden an den Blattunterseiten, überwiegend im sogenannten Parenchym-Gewebe, das die Spaltöffnungen umschließt, beobachtet. Ozon kann zu Vergilbungen und Gewebezerstörungen, insbesondere im Palisadengewebe der Blattoberseite, führen. Ähnliche Effekte wurden auch bei NO_2 beobachtet.

Das Ausmaß der Schädigung, das sich zum Beispiel in Form eines Schadens-Index zwischen Null (keine sichtbare Schädigung) und 100 (vollständige Gewebezerstörung) ausdrücken läßt, hängt von der Schadstoffkonzentration und von der Expositionsdauer ab. Als Beispiel ist in Abb. 28 der Einfluß von Ozon auf Bohnenblätter dargestellt. Die Schadstoffdosis ist dabei das Produkt aus Konzentration und Expositionsdauer. Für eine bestimmte Schadstoffdosis, z. B. 0,4 ppmh, ist dabei der Schadensindex für eine kurze Einwirkung einer hohen Konzentration wesentlich größer als für eine lange Einwirkung einer entsprechend niedrigeren Konzentration (mehr als 90 bei 0,4 ppm über 1 h gegenüber nur 15 bei 0,1 ppm über 4 h). Hiernach können bereits kurze Smogepisoden unter Umständen zu biologischen Effekten führen. In jedem Fall ist es auffallend, daß das beobachtete Ansteigen des Ozonpegels und das Auftreten von PAN als Folge photochemischer Smogreaktionen (siehe Abschnitt

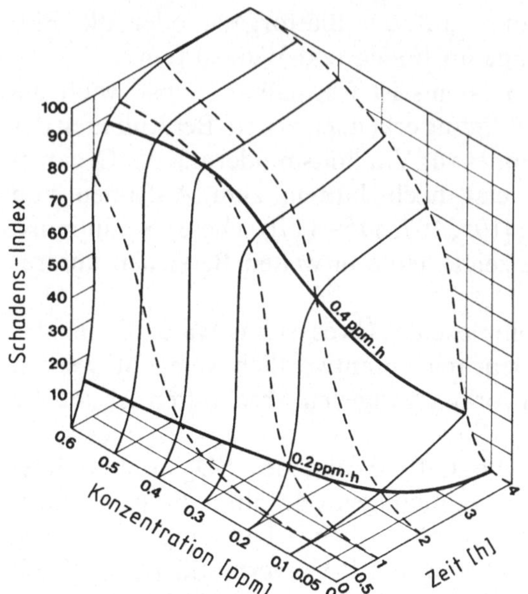

Abb. 28. Schadenswirkung von Ozon auf Blätter. Das dargestellte Diagramm zeigt die prozentuale Schädigung von Bohnenblättern (Schadensindex) als Funktion der Ozonkonzentration und Expositiondauer. (Nach [118])

4.1) mit dem Auftreten und Fortschreiten der Waldschäden zeitlich zusammenfällt.

Wirken mehrere Schadstoffe gleichzeitig, so addieren sich die Effekte der einzelnen Komponenten. Es gibt aber auch Beispiele dafür, daß es durch das Zusammenwirken zu einer Verstärkung kommt (synergistische Effekte) sowie solche, bei denen sich die Schadwirkung der einzelnen Substanzen teilweise gegeneinander aufhebt (antagonistische Effekte).

Daß photochemischer Smog zu Langzeitschäden bei Bäumen führen kann, wird durch Beobachtungen an 30jährigen Ponderosa-Kiefern in den San Bernardino-Bergen östlich von Los Angeles erhärtet. Die Jahresringe der Bäume aus der Periode 1941–1971 waren gegenüber denen aus der „smogfreien" Zeit 1910–1940 im Schnitt um 2 Millimeter schmaler. Sowohl bei gesund aussehenden wie bei äußerlich geschädigt wirkenden Bäumen konnte dieser verringerte Wuchs festgestellt werden, der für das nutzbare Holz eines 30jährigen Baumes eine Reduktion auf etwa ein Sechstel ausmacht [118].

Ein anderer Belastungskomplex des Ökosystems Wald umfaßt die in Abschnitt 4.2 ausführlich diskutierten Auswirkungen der sauren Niederschläge. Die Schäden im Boden, die Versauerung und die Veränderung der Bodenflora, das Auswaschen der Nährstoffe und die Freisetzung giftiger

Schwermetalle verstärken die schädigende Einwirkung der Atmosphäre. Hinzu kommt ein Vorgang, der – bis vor kurzem unerkannt – die Wälder der Kamm- und Plateaulagen unserer Mittelgebirge seit der Jahrhundertwende schwer belastet hat: die direkte Ausfilterung von säurebildenden Gasen wie SO_2 und sauren Tröpfchen (Wolken- und Nebeltröpfchen) aus der Luft durch die Baumkronen. In den Staulagen der Mittelgebirge kann über diese Ausfilterung in Fichtenbestände mehr als dreimal soviel Säure gelangen wie durch Regen. Der saure Regen selbst ist wahrscheinlich nur einer der Faktoren, deren Zusammenwirken für das jetzige Ausmaß des Waldsterbens verantwortlich ist. Dies würde erklären, warum in Mitteleuropa die Bäume sterben, in Südskandinavien aber, weiter entfernt von den Emissionsgebieten, die Seen, während größere Schäden in Waldbeständen dort bisher nicht zu erkennen sind.

In Abb. 29 sind grobschematisch die wichtigsten direkten und indirekten Einwirkungen von Luftverunreinigungen auf das Ökosystem Wald dargestellt. Von den primären Schadgasen sind direkte biologische Schadwirkungen für SO_2 und NO_x bekannt. Sie können direkt auf die Blattorgane einwirken und zur Belastung des Systems beitragen. Die Belastung wird verstärkt durch die Einwirkung aggressiver Oxidantien wie Ozon, Aldehyde und PAN-Verbindungen, die als Folge erhöhter NO_x-Pegel in Smogreaktionen gebildet werden. Über die in Abschnitt 4.2 erläuterten Reaktionspfade führt die Oxidation der primären Schadgase zur Säurebildung. Die Säure kann durch direkte Ausfilterung im Kronenraum der Bäume auf das Ökosystem einwirken. Durch den Niederschlag gelangt die Säure ferner in den Boden und führt dort zum Auswaschen von Nährstoffen sowie zum Freisetzen von giftigen Schwermetallionen, was wiederum Wurzelsystem und Bodenorganismen schädigt und die Bodenstruktur verändert.

Neben der Einwirkung der Luftverunreinigungen unterliegt das Ökosystem Wald einer Reihe weiterer Streßfaktoren. So stellen extreme Witterungsschwankungen, starke Fröste, vor allem lange Trockenperioden, eine starke Belastung für den Wald dar. Es kommt auch hierbei zeitweise zu Versauerungsschüben im Boden, die aber für das System sicherlich besser zu verkraften sind als die permanente Säurezufuhr durch den sauren Regen. Auch die bisherigen Praktiken der Forstwirtschaft dürften zu den Streßfaktoren beigetragen haben: Die Anpflanzung standortungeeigneter Baumarten, das Aufziehen von Monokulturen, insbesondere von Nadelbäumen, sowie die Entnahme von Holz ohne entsprechende Düngergabe.

Angesichts der vorliegenden Forschungs- und Erhebungsberichte müssen wir aber, auch wenn eine genaue Bewertung der einzelnen Komponenten im Ursachenkomplex für die Waldschäden heute noch nicht möglich ist, in der Luftverschmutzung die Hauptursache für das gegenwärtige

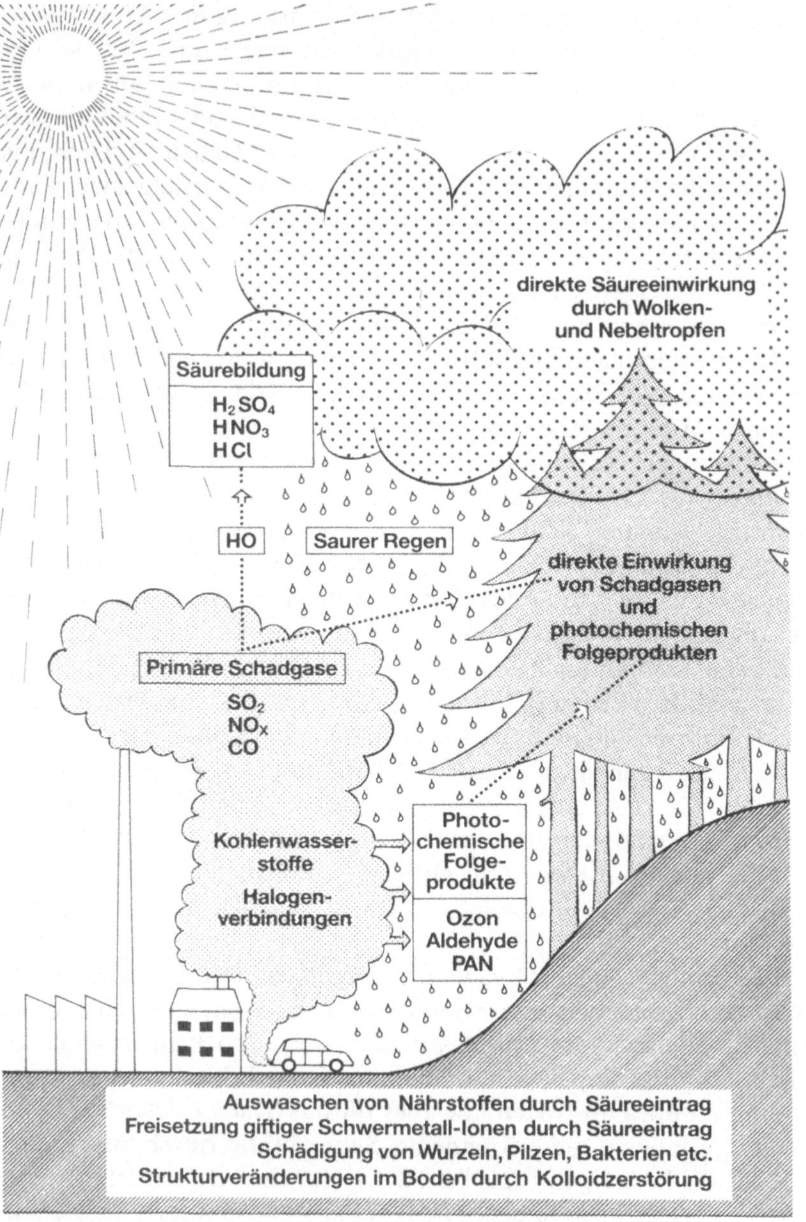

Abb. 29. Durch Luftverschmutzung ausgelöste Streßfaktoren auf das Ökosystem Wald

Waldsterben sehen. Es ist daher Zeit, Anstrengungen zu unternehmen, um die Emission von Schadstoffen drastisch zu vermindern. Ganz gleich, ob sich die Einwirkung von Gasen oder Säuren auf die Blattorgane, die sauren Niederschläge oder eine Kombination hiervon als Hauptverursacher des Waldsterbens herauskristallisieren sollte, in jedem Fall stehen die primären Schadgase SO_2 und NO_x am Anfang der Kette. Es gilt somit vordringlich, die Emission dieser beiden Substanzen nachhaltig zu reduzieren.

Wie bereits in Abschnitt 4.2 erläutert wurde, stammt der überwiegende Anteil des in der Bundesrepublik emittierten SO_2 aus Großfeuerungsanlagen, Kohle- und Schwerölkraftwerken, nur etwa 10 % werden durch Hausbrand und Verkehr freigesetzt. Eine weitgehende Entschwefelung von Abgasen ist heute mit hohem finanziellen Aufwand technisch machbar. So gestattet die Wirbelschichtfeuerung beispielsweise eine Reduktion des SO_2-Anteils im Abgas um ca. 90 %. Gegenüber anderen Rauch-Entschwefelungsverfahren, die bei hohen Verbrennungstemperaturen über 1000 °C arbeiten, hat die Wirbelschichtfeuerung zudem den Vorteil, daß bei nur 800 bis 900 °C erheblich weniger Stickoxid entsteht. Ein zusätzlicher Weg zur Verminderung der SO_2-Emission besteht darin, den Brennstoff zu entschwefeln. Alte Kohle- und Schwerölkraftwerke mit hoher Schadstoffemission sollten umgehend stillgelegt werden.

In den alten Bundesländern konnte auf diese Weise der SO_2-Ausstoß von 3,5 Mio t im Jahr 1980 auf 1 Mio t im Jahre 1989 reduziert werden. Allein in den neuen Bundesländern wurden 1989 aber 5,25 Mio t SO_2 emittiert [113]. Hier wie in anderen Ländern des ehemaligen Ostblocks besteht daher besonders akuter Handlungsbedarf, den SO_2-Ausstoß zu verringern.

Von der Gesamtmenge an Schwefeldioxid, die in der Bundesrepublik Deutschland in die Atmosphäre gelangen, werden mehr als 80 % über die Grenzen getragen, nur knapp 20 % fallen über der Bundesrepublik als Sulfat im Regen aus [120]. Dafür erhalten wir, sozusagen zum Ausgleich, Schwefelverbindungen aus den Nachbarländern Frankreich, Großbritannien und den Beneluxstaaten. Aus diesen Zahlen wird deutlich, daß eine drastische Verringerung der SO_2-Emission in allen diesen Ländern gleichermaßen erfolgen muß.

Bei der Stickoxidemission dominieren in der Bundesrepublik mit fast 50 Prozent Automobilabgase, etwa ein Drittel stammt aus Kraft- und Fernheizwerken, und den Rest teilen sich Industriebetriebe, Haushalte und Kleinverbraucher. Anders als bei SO_2, dessen jährlicher Ausstoß in der ehemaligen Bundesrepublik gesenkt werden konnte, hat die NO_x-Emission laufend zugenommen. Sie beträgt derzeit mehr als 3 Millionen Tonnen/Jahr, bezogen auf NO_2. Stickoxide im Abgas lassen sich mit Hilfe von Katalysatoren reduzieren, und der Einbau derartiger Anlagen in Kraft- und Fernheizwerken sollte umgehend erfolgen. In Anbetracht des hohen Anteils des Kraftverkehrs an der Stickoxidemission sollte der Abgasreinigung von Automobilen besondere Priorität eingeräumt werden. In den USA und in Japan fahren die Autos schon seit Mitte der siebziger Jahre mit Abgaskatalysatoren. Mit dem geregelten Dreiweg-Katalysator gelingt es, den Ausstoß aller drei Schadstoffkomponenten, Kohlenmonoxid, Stickoxid und Kohlenwasserstoffe, erheblich zu senken. Voraussetzung hierzu ist, daß das Kraftstoff-Luft-Verhältnis nur in engen Grenzen schwanken darf. Für die Einhaltung der Gemischzusammensetzung sorgt ein elektronisch gesteuerter Regelkreis mit einem Sauerstoff-Meßgerät, die sogenannte Lambda-Sonde. Sie mißt den Sauerstoffanteil im Abgas und liefert der Einspritzanlage bzw. dem elektronisch geregelten Vergaser die Daten für die beste Gemischbildung.

Angesichts der geschilderten Umweltprobleme ist es unverständlich, daß die Abgasreinigung bei Automobilen in Europa so außerordentlich mühsam in Gang kommt. Während in den USA und in Japan seit vielen Jahren strenge Abgasnormen erfüllt werden und auch europäische Autohersteller durch den langjährigen Export in diese Länder demonstrieren, daß sie diese Normen zu erfüllen imstande sind, fahren die meisten Wagen in Europa noch immer ohne Abgasreinigung.

Es bleibt zu hoffen, daß sich auf breiter Basis, bei der Bevölkerung wie bei den Politikern, die Erkenntnis durchsetzt, daß das Ablassen von Schadstoffen in die Atmosphäre drastisch reduziert werden muß und daß derartige Maßnahmen sicherlich nicht zum Nulltarif zu haben sind. Unter ökonomischen Gesichtspunkten wäre es genauso falsch wie unter ökologischen, diese Aufgaben hinauszuschieben, da die eingetretenen Schäden teuer repariert werden müssen. Schon heute entstehen nach Angaben des Umweltbundesamtes in der Bundesrepublik Deutschland pro Jahr Schäden in Höhe von 4 Milliarden DM. Eine Schätzung der OECD beziffert die Schäden sogar 10mal höher [107].

4.4 Flugzeuge und Kernwaffen: Einflüsse direkter Injektion von Stickoxiden auf die Ozon-Schicht

Der Einfluß direkter stratosphärischer Injektionen von Stickoxiden auf die Ozon-Schicht wurde in Abschnitt 2.6 am Beispiel eines starken solaren Protonenausbruchs erläutert. Große Mengen Stickoxid können auch durch menschliche Aktivitäten in der Stratosphäre freigesetzt werden: aus den Triebwerksabgasen einer Flotte von Überschallflugzeugen sowie durch die Detonation von Kernwaffen hoher Energie in der Atmosphäre. In beiden Fällen werden durch die Reaktionswärme Stickoxide gebildet. Im Gegensatz zur bodennahen Troposphäre, wo sich Luftverunreinigungen durch Stickoxide, etwa aus Autoabgasen, wegen der dort kurzen Lebensdauer von etwa 1 Tag nur lokal oder regional auswirken, haben NO_x-Injektionen in die Stratosphäre, wo mit Lebensdauern zwischen 2 und 3 Jahren (je nach Injektionshöhe) gerechnet werden muß, grundsätzlich globale Wirkung.

Johnston [35] war der Erste, der auf eine mögliche Gefährdung der Ozon-Schicht durch Flugzeugabgase hinwies. Er berechnete, daß 2 Millionen Tonnen Stickoxid, pro Jahr aus den Triebwerken einer damals für die neunziger Jahre projektierten Flotte von 500 zivilen Überschallflugzeugen des Typs Boeing in der Stratosphäre ausgestoßen, die Ozon-Schicht um etwa 50 Prozent reduzieren würden. Dieser hohe Wert ergab sich dadurch, daß der katalytische NO_x-Zyklus isoliert betrachtet und die Verkopplung mit den HO_x- und ClO_x-Zyklen (s. Abschnitt 2.4) nicht berücksichtigt worden war. Für das gleiche Szenarium lieferten 1975 Schätzungen unter Berücksichtigung der Kopplungsreaktionen im Rahmen des CIAP-Programmes nur eine etwa 12-prozentige Reduktion der Ozon-Schichtdicke [34]. Dabei war zugrundegelegt, daß die 500 Flugzeuge pro Tag 7 Stunden in der Reiseflughöhe von 20 km operieren würden. Die Verbesserung der Modelle und Neubestimmung relevanter reaktionskinetischer Daten führten in den folgenden Jahren zu weiteren Revisionen der berechneten Änderung der Ozon-Schichtdicke als Folge der anthropogenen NO_x-Emission in 20 km Höhe. Die vorhergesagten Werte wurden, wie Abb. 30 veranschaulicht, immer kleiner, zwischen 1978 und 1980 lieferten die Modelle sogar positive Werte, also eine geringe Zunahme der Ozon-Schichtdicke. Seit 1981 ergaben die Modellvorhersagen wieder eine Reduktion der Schichtdicke, nach den neuesten Berechnungen etwa 7 Prozent für den Fall, daß eine solche Flotte von Überschallflugzeugen eines Tages tatsächlich im Einsatz wäre.

Die in Abb. 30 dargestellten Revisionen der Modellvorhersagen zeigen, mit welchen Fehlern quantitative Angaben über das Ausmaß zukünftiger anthropogener Effekte auf die Ozon-Schicht immer noch behaftet sind (s. auch Abschnitt 2.5). Unser Wissen über die chemischen und physikalischen Prozesse, welche die atmosphärische Ozon-Schicht aufrechterhalten, hat im Laufe dieser Jahre zwar beträchtlich zugenommen. Es ist aber keineswegs abzusehen, ob nicht auch in Zukunft weitere und vielleicht ähnlich drastische Revisionen der Modellvorhersagen erforderlich werden. Die wenigen Maschinen vom Typ Concorde, die zur Zeit noch in etwa 18 km Höhe operieren, sind für die Ozon-Schicht ohne Bedeutung.

Stickoxid-Emissionen in der unteren Stratosphäre und oberen Troposphäre führen nach heutigem Kenntnisstand zu einer Ozon-Zunahme. Dies liegt daran, daß in diesem Höhenbereich zusätzlich eingebrachtes NO_x durch Bildung von HNO_3 HO_x-Radikale bindet.

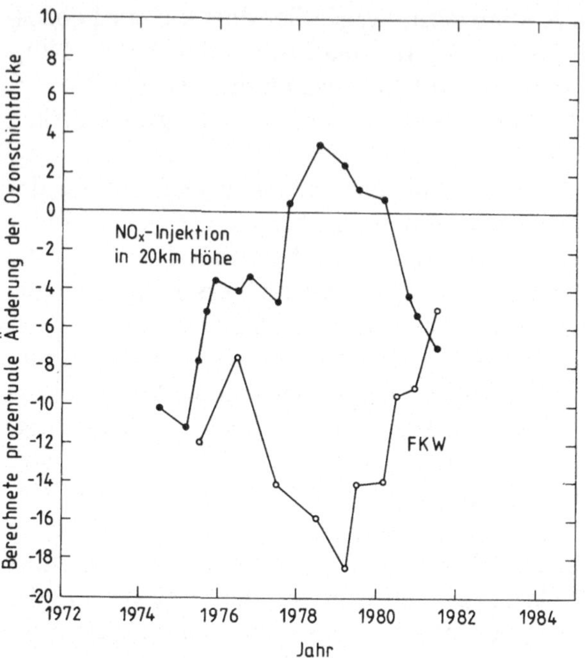

Abb. 30. Die wichtigsten Revisionen der mit Modellen berechneten Änderung der Ozonschichtdicke als Folge der NO_x-Injektion einer Flotte von Überschallflugzeugen sowie der Emission der halogenierten Kohlenwasserstoffe CFC-11 und CFC-12 (FKW). Die NO_x-Kurve bezieht sich auf eine Flotte von 500 SST des Typs Boeing, die in 20 km Höhe operiert, die FKW-Kurve basiert auf dem Szenarium einer konstanten Emissionsrate und gibt den Wert für das stationäre Gleichgewicht. (Nach [34])

Hierdurch wird zum einen die ozon-zerstörende Wirkung des HO_x-Zyklus vermindert (s. Abschnitt 2.3), zum anderen reagiert das vermehrt gebildete HNO_3 mit OH; hierdurch entsteht NO_3, das durch Photolyse mit sichtbarem Licht-Sauerstoff-Atome und damit Ozon liefert:

$$HNO_3 + OH \rightarrow NO_3 + H_2O \quad \text{(s. Abb. 14)},$$
$$NO_3 + \text{Licht } (\lambda < 670\,\text{nm}) \rightarrow NO_2 + O,$$
$$O + O_2 + M \rightarrow O_3 + M.$$

Zwischen 8 und 12 km Höhe werden heute die meisten Stickoxide aus den Triebwerken der Verkehrsflugzeuge deponiert. Nach Modellrechnungen, denen das für das Jahr 1990 projektierte Verkaufsaufkommen zugrunde liegt, ergibt sich dadurch ein Anstieg der Ozon-Konzentration in 10 km Höhe um etwa 20 Prozent (s. Abb. 35). Die gesamte Ozon-Schichtdicke nimmt durch diese Ozon-Vermehrung in Tropopausenbereich um etwa 1 Prozent zu [34].

Es gibt viele Hinweise darauf, daß zumindest ein Teil des beobachteten Ozonanstieges in der oberen Troposphäre (s. Abschnitt 4.1) auf den gegenwärtigen Flugverkehr zurückzuführen ist. Auch die Kondensstreifen, die aus kleinsten Eispartikeln bestehen und den Zirruswolken zuzurechnen sind, werden durch Flugzeuge verursacht. Wasserdampf, der neben CO_2 zu den Hauptkomponenten im Triebwerksabgas zählt, ist selbst ein starkes Treibgas. Seine thermische Wirkung ist in der Höhe der kalten Tropopause, wo die meisten Flugkorridore verlaufen, am stärksten. Noch viel stärker beeinflußt Wasser in Wolkenform den Strahlungshaushalt. Untersuchungen zeigen eine Zunahme der hohen Zirrusbewölkung über den USA und Europa in enger Korrelation mit dem Anwachsen des Luftverkehrs. Es muß vermutet werden, daß die beobachtete Zunahme der Aerosolkonzentration in der unteren Stratosphäre ebenfalls eine Folge der Emissionen aus dem Luftverkehr ist. Über heterogene Reaktionen können diese wie auch die Eispartikel zur Ozonreduktion (s. Abschnitt 4.6) beitragen [121–123].

Der globale zivile Luftverkehr ist von 920 Milliarden Personenkilometern (Pkm) im Jahre 1978 auf 1900 Milliarden Pkm im Jahre 1990 angestiegen, und er wird sich bis zum Jahre 2005 noch einmal verdoppeln. Wir haben Hinweise darauf, daß bereits der heutige Flugverkehr sichtbare Veränderungen der Atmosphäre verursacht. Diese sind aber mit großen Unsicherheiten, insbesondere hinsichtlich ihrer Auswirkungen, behaftet.

Unsicherheiten bestehen hinsichtlich der Abgaszusammensetzung und Umwandlung für die verschiedenen Flughöhen und Lastzustände, der räumlichen und zeitlichen Verteilung der Abgaseinträge rund um den Globus und ihrer Wechselwirkung mit dem natürlichen Spurengassystem und der atmosphärischen Dynamik. Angesichts der enormen Wachstumsraten des Luftverkehrs ist es dringend erforderlich, diese Unsicherheiten durch gezielte Forschungsprogramme zu beseitigen. Entsprechende Programme sind in Deutschland und anderen europäischen Ländern sowie in den USA angelaufen.

Große Mengen Stickoxid werden auch in der Hitze des Feuerballs energiereicher Kernwaffenexplosionen aus Luftstickstoff gebildet und mit dem Rauchpilz in die Stratosphäre getragen. Die NO-Produktionsrate beträgt $N = (0{,}2$ bis $1{,}0) \times 10^{32}$ yMt (yMt ist das Energieäquivalent in Megatonnen TNT [124]. Während der Kernwaffentests zwischen 1952 und 1962 wurden insgesamt 513 Megatonnen TNT-Energieäquivalent in der Atmosphäre zur Detonation gebracht, was $(0{,}8$ bis $5{,}1) \times 10^{34}$ NO-Molekülen entspricht.

Wie in der vorausgegangenen Diskussion über Flugzeugabgase erläutert wurde, bewirken Stickoxide, die in die untere Stratosphäre injiziert werden, ein Ansteigen der Ozon-Konzentration. Nur solche Kernwaffenexplosionen, deren Rauchpilz höher als 20 km reicht, können die Ozon-Schicht angreifen. Hierzu ist ein Energieäquivalent von etwa 1 Megatonne TNT erforderlich. Die vor dem Testmoratorium 1962 durch atmosphärische Kernwaffenexplosionen produzierten NO-Moleküle können demnach eine höchstens 2-prozentige Reduktion der Ozon-Schichtdicke bewirkt haben [63]. Ein derart geringer Effekt konnte aber anhand der existierenden Ozon-Meßdaten nicht eindeutig nachgewiesen werden. Ein Indiz mag die 1962 bis 1965 beobachtete Störung der Korrelation zwischen Sonnenaktivität und Ozon-Schichtdicke sein (s. Abb. 19), die von Angell und Korshover [53] auf die Auswirkungen der intensiven atmosphärischen Nukleartests der Jahre 1961/62 zurückgeführt wird.

Bei Analysen über die möglichen Auswirkungen eines Nuklearkrieges stehen die direkten Zerstörungen sowie die radioaktive Verseuchung im Vordergrund des Interesses. Das Szenarium eines totalen Nuklearkrieges geht davon aus, daß auf der Nordhalbkugel 10 000 Megatonnen TNT-Energieäquivalent in Form von 1- bis 5-Megatonnenbomben zur Detonation gelangen; jeweils 5000 Megatonnen werden für nötig erachtet, um eine der Großmächte zu vernichten. Die Überlebenden eines solchen Nuklearkrieges müßten mit einer 30- bis 70-prozentigen Reduktion der Ozon-Schichtdicke auf der Nordhalbkugel und entsprechend mit einer 20- bis 40-prozentigen Reduktion auf der Südhalbkugel rechnen, und es würde ungefähr 3 Jahre dauern, bis sich die normalen Verhältnisse wieder eingestellt hätten [63].

Nicht minder gefährlich erscheinen die Auswirkungen eines „begrenzten" Nuklearkrieges, in dem insgesamt 5750 Megatonnen über der Nordhemisphäre zur Explosion gebracht werden, von denen die meisten ein Energieäquivalent unter 1 Megatonne TNT haben. Als Folge eines solchen Szenarios würde sich, wie aus einer von Crutzen und Birks [125] veröffentlichten Studie hervorgeht, die Troposphäre für viele Wochen vollständig verändern: Großflächige Waldbrände würden einige hundert Millionen Tonnen Partikel in die Atmosphäre treiben, die über weiten Gebieten die Sonne verdunkeln würden. Zusätzlich würden die Brände große Mengen Kohlenmonoxid und reaktive Kohlenwasserstoffe wie Ethen und Propen, die auch wichtige Bestandteile im photochemischen Smog sind (s. Abschnitt 4.1), produzieren. Weitere Kohlenwasserstoffe würden durch wahrscheinliche Angriffe und Erdöl- und Erdgasproduktionszentren freigesetzt. Zusammen mit den durch die Kernwaffenexplosionen überwiegend in der Troposphäre produzierten Stickoxiden ergäbe dies, nachdem sich der Staub abgesetzt hat, eine globale Smogsituation, die über Wochen schwerste Schäden, besonders bei der Vegetation, hervorrufen würde.

Die zeitweilige Trübung der Atmosphäre durch Ruß dürfte darüber hinaus klimatische Auswirkungen größten Ausmaßes nach sich ziehen: Die

Temperaturen sowohl der nordamerikanischen wie der europäisch-asiatischen Landmassen würden um bis zu 30 Grad absinken. Dieser als nuklearer Winter bezeichnete Effekt, der bis in die Subtropenzone wirksam wäre, ergäbe sich unabhängig davon, welche Seite den Erstschlag führt [126, 127]. Alle diese Studien sagen nichts aus über die sicherlich verheerenden Mengen radioaktiver Spaltprodukte, die als Folge eines nuklearen Schlagabtausches in der Atmosphäre freigesetzt und mit den Luftströmungen über den Globus verteilt würden.

4.5 Einfluß halogenierter Kohlenwasserstoffe auf die Ozon-Schicht

Molina und Rowland [43] alarmierten 1974 die Weltöffentlichkeit mit einer Hypothese, wonach das fortgesetzte Freisetzen großer Mengen von Chlorfluormethanen (CFM) zu einer Reduktion der Ozon-Schicht führen kann. Hier sind es vor allem die CFM-11 (CCl_3F) und CFM-12 (CCl_2F_2), von denen zur Zeit pro Jahr etwa 700 000 Tonnen in die Atmosphäre gelangen. Diese Substanzen sind außerordentlich stabil, ohne Geruch und Geschmack, nicht giftig und nicht brennbar.

Gerade auf Grund dieser Eigenschaften werden diese Stoffe in der Troposphäre praktisch nicht abgebaut, sondern reichern sich allmählich an. Die mittlere atmosphärische Lebensdauer vom CFM-11 beträgt mindestens 55 Jahre, diejenige von CFM-12 mehr als 100 Jahre [34].

Diese Zeit reicht aber aus, daß ein Großteil der CFM durch Austauschprozesse in die Stratosphäre gelangt, wo CCl_3F und CCl_2F_2 durch UV-Strahlung mit Wellenlängen kleiner als 220 nm photolysiert werden (Abb. 31). Die abgespaltenen Chlor-Atome gehen als Katalysatoren X in die Ozon-Photochemie ein (s. Abschnitt 2.3) und bewirken so zusätzlich einen Ozon-Abbau. CFM-11 und CFM-12 sind somit anthropogene Quellgase für ClO_x-Radikale. Der Abbau der CFM in der Stratosphäre ist praktisch der einzige Abbauprozeß überhaupt, welcher auch die o.g. atmosphärischen Lebensdauern dieser beiden Substanzen bestimmt.

Um das künftige Ausmaß einer solchen künstlichen Beeinflussung der Ozon-Schicht vorherzusagen, muß man die photochemischen und dynamischen Prozesse in ihrem komplexen Ineinandergreifen im Großrechner simulieren und bestimmte Annahmen über die zukünftige Entwicklung des CFM-Verbrauches in der Welt machen. Als 1974 die Studie von Molina und Rowland erschien, wurden weltweit 320 000 bzw. 420 000 Tonnen CFM-11 bzw. CFM-12 pro Jahr in die Atmosphäre abgelassen, wobei ein jährlicher Anstieg dieser Injektionsraten von etwa 10 % zu verzeichnen war (s. Abb. 32, linke Bildhälfte).

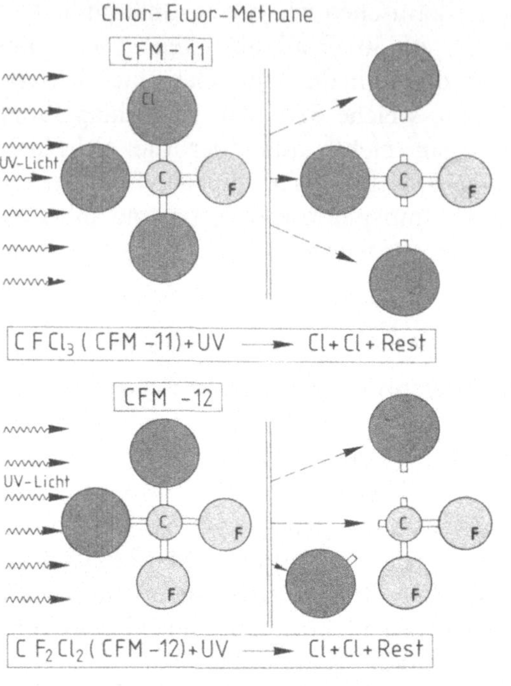

Abb. 31. Schema der Zerspaltung von CFM-11 und CFM-12 durch UV-Licht in der Stratosphäre. Hierdurch werden Chloratome freigesetzt, die in katalytischen Reaktionsketten Ozon zerstören

Ein solches Szenarium, das auf einer jährlichen Steigerungsrate der Injektion von 10% basiert, würde bis zum Jahre 2000 zu einer fast 30-prozentigen Reduktion der Ozon-Schicht führen mit sicherlich meßbaren Konsequenzen in Bezug auf Strahlung und Klima, und dieser Ozon-Abbau würde mit der Zeit noch weiter fortschreiten [128]. Mehr noch, selbst bei sofortigem Herstellungsstop wäre diese Umweltschädigung nicht gleich wieder rückgängig zu machen, denn es würde mindestens 50 Jahre dauern, bis der Großteil der dann in der Luft akkumulierten Schadstoffe in die Stratosphäre gemischt, dort abgebaut und schließlich als Endprodukt HCl durch Ausregnen wieder aus der Atmosphäre entfernt würde.

Glücklicherweise ist ein solches Szenarium nicht in Sicht: Als Folge der durch Molina und Rowland ausgelösten Sorge um den Fortbestand der Ozon-Schicht ging weltweit der Verbrauch von CFM-11 und CFM-12 ab 1975 leicht zurück (Abb. 32, links) und pendelte sich seither auf etwa konstante Werte ein, die denjenigen des Jahres 1976 entsprechen. In einigen Ländern wurde das Ablassen von CFM-11 und CFM-12 durch gesetzgeberische Maßnahmen reduziert. Bei den Modellrechnungen geht man heute

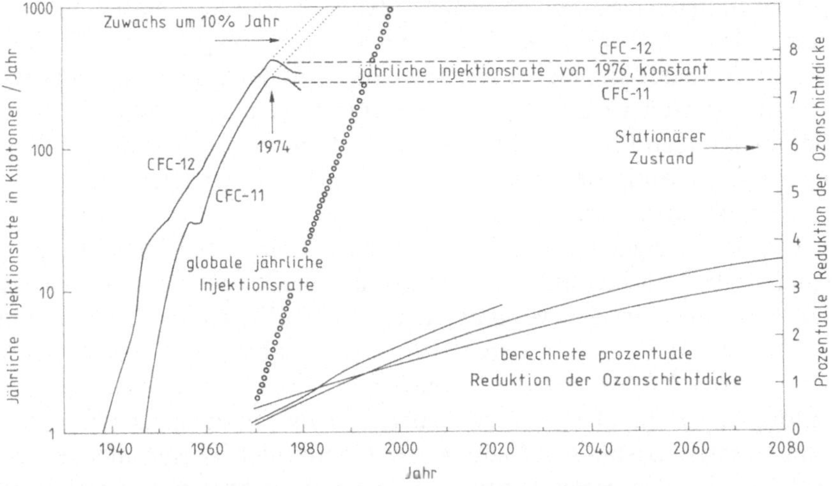

Abb. 32. Verlauf der jährlichen Injektionsrate von CFM-11 (CFC-11) und CFM-12 (CFC-12) (*linkes Teilbild:* nach [129]). Bis zum Jahre 1974 nahm die in die Atmosphäre abgelassene Menge dieser Substanzen um ca. 10 Prozent pro Jahr zu. 1975 erfolgte erstmalig eine geringere Injektion. Für das Szenarium einer in Zukunft konstanten Injektionsrate in Höhe der Werte von 1976 (*gestrichelte* Extrapolation) wurde die prozentuale Reduktion der Ozonschichtdicke für die nächsten 100 Jahre berechnet (*rechtes Teilbild:* nach [34]). Ein stationärer Endzustand mit ca. 6,5 Prozent Ozon-Reduktion ist erst sehr viel später zu erwarten (*Pfeil*)

von konstanten Emissionsraten aus, auch wenn diese seit 1980 wieder leicht zugenommen haben [130].

Dieses Szenarium einer konstanten Emission, das heutigen Berechnungen des künftigen Ozon-Abbaus zugrundeliegt (gestrichelte Extrapolation der Injektionskurven in Abb. 32), ist gegenüber der bis 1974 erfolgten jährlichen Steigerung um 10% wesentlich unkritischer. Ergebnisse, welche die prozentuale Reduktion der Ozon-Schichtdicke zeigen, die von 3 Modellgruppen für dieses neue Szenarium berechnet wurden, sind in der rechten Hälfte der Abb. 32 dargestellt. Demnach würde die Ozon-Schichtdicke bis zum Jahre 2000 um knapp 2% und bis zum Jahre 2100 um knapp 4% reduziert sein. Ein stationärer Endzustand mit etwa 6,5% wäre im übernächsten Jahrhundert zu erwarten [34].

Die berechneten Werte für die künftige Veränderung der Ozon-Schicht als Folge der anthropogenen Emission von CFM-11 und CFM-12 wurden mehrfach beträchtlich revidiert. Für das Szenarium der zeitlich konstanten Emission (gestrichelte Extrapolation der Injektionskurven in Abb. 32), das ab 1976 diesen Abschätzungen zugrundelag, zeigt Abb. 30 den berechneten prozentualen Ozon-Schichtabbau, der sich als stationärer Endzustand einpendeln würde (Kurve FKW). Wie für NO_x spiegeln diese Veränderungen die Verbesserungen bei den Modellen und neu oder genauer bestimmte Reaktionsraten wieder. Es ist dabei interessant, daß etwa ab 1977 diese Schwankungen für NO_x und Fluorchlorkohlenwasserstoffe (FKW) recht genau gegenläufig sind, was die direkte Verkoppelung der NO_x- und ClO_x-Zyklen deutlich veranschaulicht.

Die Schwierigkeiten der Wissenschaftler, die Öffentlichkeit und insbesondere die Politiker auf die Gefährdung der Ozonschicht aufmerksam zu machen, lagen in den vergangenen Jahren überwiegend daran, daß die „Beweise" fehlten. Der berechnete Ozon-Abbau war gering (Abb. 32). Langjährige Messungen der Ozon-Schichtdicke wie auch der Vertikalverteilung konnten aber bis vor kurzem nicht widerspruchsfrei zu einer konsistenten Bestandsaufnahme der Ozonschicht zusammengefügt werden, aus der sich derart geringe Veränderungen hätten nachweisen lassen. Erschwerend für die „Glaubwürdigkeit" der Modellvorhersagen kam hinzu, daß deren Ergebnisse, wie in Abb. 30 gezeigt, im Laufe der Jahre selbst mehrmals als Folge neuer reaktionskinetischer Erkenntnisse revidiert werden mußten. So gab es mannigfache Bestrebungen, die bestehenden Produktionslimits für CFC-11 und CFC-12 doch wieder aufzuheben, wobei wissentlich oder unwissentlich vergessen wurde, daß bei der Rückkehr zu dem ursprünglichen Szenarium der jährlichen Produktionssteigerung von 10 % die Ozonschicht im nächsten Jahrhundert um mehr als die Hälfte zerstört sein würde.

Dieser Zustand der Unsicherheit besteht nicht mehr. Ein vom US-Kongreß eingesetztes Expertenteam hat in mehrjähriger Arbeit alle Ozondaten einer kritischen Prüfung unterzogen, die auch die Rohdaten und Auswerte-Algorithmen einschloß. Nach den Ergebnissen dieser Expertengruppe besteht kein Zweifel mehr darüber, daß die Ozon-Schichtdicke zwischen 1969 und 1986 tatsächlich weltweit abgenommen hat, und zwar zwischen 1,7 und 3 Prozent je nach geographischer Breite [130]. Diese Abnahme ist sogar deutlich größer als diejenige, welche die Modelle berechnen (s. Abb. 32). Über der Antarktis ist der beobachtete Ozonschwund von etwa 10 % noch erheblich größer, da dort der Effekt des Ozonloches (Abschnitt 4.6) durchschlägt.

Die Auswertung der etwa 12jährigen Meßreihe (1978–1990) des TOMS-(Total Ozone Mapping Spectrometer) Experimentes an Bord des Satelliten NIMBUS 7 ergab inzwischen, daß der Ozonschwund in den achtziger Jahren erheblich zugenommen hat [131]. Abbildung 33 zeigt den über diesen Zeitraum gemittelten Trend in Prozent/Jahr, aufgetragen als Funktion der geographischen Breite (Ordinate) und Jahreszeit (Abszisse). Keine signifikante Veränderung der Ozonschicht zeigt der schraffierte

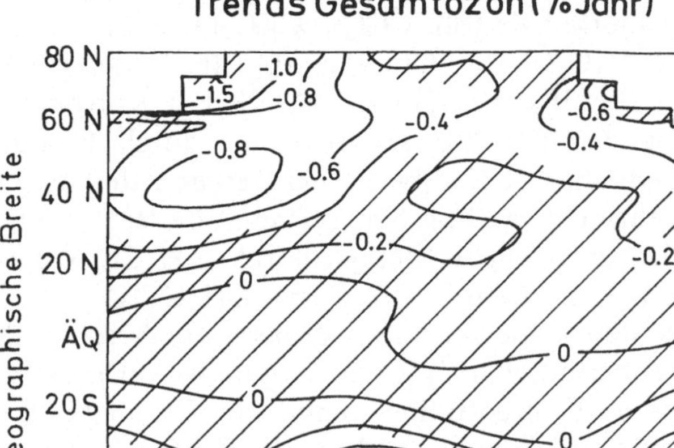

Abb. 33. Veränderungen der Ozon-Schichtdicke, gemittelt über den Zeitraum von 1978 bis 1990, nach Messungen des TOMS-Experimentes an Bord des Satelliten NIMBUS 7, in Prozent/Jahr. Im schraffierten Bereich, der im wesentlichen die Tropen umfaßt, sind keine signifikanten Veränderungen der Ozonschicht aufgetreten. Die negativen Werte, welche einer Ozonabnahme entsprechen, nehmen mit wachsender Breite zu (nach [131])

Bereich, der im wesentlichen die Tropen umfaßt. In mittleren Breiten, insbesondere auf der Nordhalbkugel, hängt der beobachtete Ozonschwund von der Jahreszeit ab. Er ist mit 0,8%/Jahr im Spätwinter etwa doppelt so groß wie im Sommer. Der stärkste Ozonabbau findet in polaren Regionen statt.

Insgesamt ist der beobachtete globale Ozonschwund größer als derjenige, der von den Modellen berechnet wird. Dies liegt unter anderem daran, daß vielen Modellrechnungen die Emissionen von CFM-11 und CFM-12 zugrunde liegen. Neben diesen beiden Substanzen werden aber eine Reihe weiterer halogenierter Kohlenwasserstoffe in die Atmosphäre abgelassen. Dabei handelt es sich sowohl um Chlorfluor-Methane als um Chlorfluor-Ethane, weshalb man allgemein von Fluor-Chlor-Kohlenwasserstoffen (FCKW) bzw. englisch nach internationaler Vereinbarung von Chloro-Fluoro-Carbons (CFC) spricht. Ein Teil dieser Substanzen ist wie CFM-11 (oder CFC-11) und CFM-12 (oder CFC-12) vollständig halogeniert und damit ähnlich langlebig, da ihr Abbau im wesentlichen durch UV-Photolyse in der Stratosphäre erfolgt. Zu nennen sind hier CFC-10

(Tetrachlorkohlenstoff CCl_4), CFC-13 ($CClF_3$), CFC-113 ($C_2Cl_3F_3$), CFC-114 ($C_2Cl_2F_4$), CFC-115 (C_2ClF_5) oder die bromhaltigen CFC-12B1 ($CBrClF_2$) und CFC-13B1 ($CBrF_3$). Kohlenwasserstoffe, bei denen nur ein Teil der Wasserstoff-Atome durch Halogene substituiert ist, reagieren mit OH-Radikalen und werden daher auch in der Troposphäre abgebaut. Die wichtigsten Vertreter dieser Gruppe sind, neben dem natürlichen Quellgas Methylchlorid (CH_3Cl), die Substanzen CFC-22 ($CHClF_2$) und Methylchloroform (CH_3CCl_3).

Das Methylchloroform wurde bereits in Abschnitt 3.2 erwähnt. Es wird als Lösungsmittel im Trockenreinigungsgewerbe benutzt, und seine troposphärische Konzentration nimmt auf Grund rasch anwachsenden Verbrauchs jährlich um ca. 6% zu [132]. Zur Zeit werden jährlich knapp 1 Million Tonnen Methylchloroform weltweit in die Atmosphäre abgelassen, was die höchste Emissionsrate aller halogenierten Kohlenwasserstoffe anthropogenen Ursprungs darstellt. Da der größte Teil des Methylchloroform durch OH in der Troposphäre abgebaut wird, ist der Effekt auf die Ozonschicht trotz der hohen Injektionsrate gering. Bei der OH-Reaktion entsteht aber HCl (s. Abschnitt 3.2), das als Salzsäure zum pH-Wert des Niederschlags beiträgt.

Ähnlich hohe jährliche Zuwachsraten hat CFC-22, das allein und in Verbindung mit CFC-115 als Kältemittel eingesetzt wird. Über 140 000 Tonnen CFC-22 werden zur Zeit pro Jahr in die Atmosphäre abgelassen [133]. CFC-13, CFC-113 und CFC-114 werden ebenfalls als Kältemittel benutzt, wobei über ihre atmosphärischen Injektionsraten und Trends zur Zeit wenig bekannt ist [40]. Das Gleiche gilt für die beiden Bromverbindungen CFC-12B1 und CFC-13B1, die aus Feuerlöschern freigesetzt werden [39]. Tetrachlorkohlenstoff (CFC-10) wird schon seit Beginn des Jahrhunderts als Lösungsmittel verwandt, und seine höchsten globalen Emissionsraten waren mit etwa 100 000 Tonnen/Jahr schon 1950 erreicht. Dieser Wert hat sich seither nur geringfügig geändert, obwohl in der westlichen Welt heute CCl_4 fast ausschließlich als Ausgangsmaterial für die Herstellung der fluorierten CFC-11 und CFC-12 benutzt und nur noch in sehr geringen Mengen direkt in die Atmosphäre emittiert wird. Insgesamt macht die Menge aller halogenierten Kohlenwasserstoffe, die pro Jahr weltweit in die Atmosphäre abgelassen werden, weit mehr als 2 Millionen Tonnen aus.

In Abb. 12 (Abschnitt 2.3) sind Vertikalprofile aller dieser Verbindungen neben denen der anderen Quellgase gezeigt. Diese Abbildung veranschaulicht auch, daß neben Methylchlorid, CFC-11 und CFC-12 eine ganze Reihe weiterer halogenierter Kohlenwasserstoffe zum atmosphärischen ClO_x-Budget beitragen. Zur Zeit steuern CH_3Cl 27% CFC-11 und CFC-12 zusammen 31% und alle anderen Substanzen

42% zu diesem Haushalt bei. Dabei machen die anthropogenen Komponenten heute bereits 73% aus, und dieser Anteil wird, wegen des raschen Wachstums der Emissionsraten von CFC-22 und Methylchloroform in Verbindung mit dem praktisch unverminderten Ablassen von CFC-11, CFC-12 und CCl_4, in den kommenden Jahren weiter zunehmen. Unter äußerst konservativen Annahmen ist damit zu rechnen, daß sich der Anteil des organisch gebundenen Chlor in der Atmosphäre, der heute etwa 3 ppb beträgt, innerhalb der kommenden 30 Jahre verdoppeln wird. (Eine eingehende Darstellung über halogenierte Kohlenwasserstoffe in der Atmosphäre ist unter [40] zu finden.)

Die Ozon-Schichtdicke ist ein wichtiger Parameter in Bezug auf unsere Umweltbedingungen, denn sie reguliert den Strahlungsfluß im langwelligen UV zwischen 290 und 300 nm, den wir am Erdboden erhalten. Es ist daher sicher wichtig, den Einfluß der anthropogenen CFM-Injektion auf die Ozon-Schichtdicke zu ermitteln. Mindestens genau so wichtig ist es aber zu berechnen, wie sich die Störung auf die einzelnen Höhenbereiche auswirkt. Wie aus Tabelle 3 hervorgeht, hat der katalytische ClO_x-Zyklus seinen größten Einfluß in etwa 40 km Höhe. Dort wirken sich entsprechend auch die zusätzlich aus den anthropogen eingebrachten Quellgasen CFM-11 und CFM-12 produzierten ClO_x-Radikale am stärksten aus. Während für das Jahr 2080 die heutigen Modellrechnungen eine nur etwa 3,5-prozentige Abnahme der Gesamtschichtdicke ergeben (Abb. 32), nimmt die lokale Ozon-Konzentration in 40 km Höhe bis zu diesem Zeitpunkt um fast 25 Prozent ab [34] (Abb. 37, Erläuterungen hierzu in Abschnitt 4.8). Wir wissen, daß die thermische Bilanz der oberen Stratosphäre von der Absorption solarer Strahlung durch Ozon bestimmt wird. Das Temperaturmaximum in etwa 50 km Höhe (Abb. 1) ist ja das sichtbare Ergebnis dieser Aufheizung. Eine starke Ozon-Abnahme in der oberen Stratosphäre führt zwangsläufig zu einer Verminderung der Absorption und damit zu einer Abkühlung. Diese Abkühlung wirkt sich in der Höhe des Temperaturmaximums, also im Bereich um 50 km, am stärksten aus. Dort wird in den nächsten 100 Jahren die globale Ozon-Abnahme zu einer Temperatur-Verminderung um etwa 20 °C führen. Von dieser Abkühlung wird aber die gesamte Stratosphäre betroffen sein, auch wenn die Abkühlung nach unten zu geringer wird.

Während die Abkühlungsrate als Folge der Ozonabnahme in 50 km Höhe etwa 1,6° pro 10 Jahre (Dekade) ausmacht, beträgt sie in 30 km bzw. 20 km Höhe nur noch 0,6° bzw. 0,2° pro Dekade. Tatsächlich zeigen Radiosondendaten, daß sich diese Abkühlung der Stratosphäre vollzieht: Die Auswertung nordamerikanischer Radiosondierungen aus der 30jährigen Periode 1958 bis 1987 ergab für den Höhenbereich 16 bis 24 km eine Abkühlungsrate von 0,24°/Dekade [134]. Unabhängig davon fand Labitzke [135] bei der Auswertung europäischer Daten aus den Jahren 1965 bis 1988 für 24 km Höhe mit 0,26°/Dekade praktisch die gleiche Abkühlung. Diese Werte stimmen mit den berechneten Abkühlungsraten recht gut überein. Für die Südhemisphäre ermittelte Angell [134] aus Radiosonden-daten der Jahre 1963 bis 1987 im Höhenbereich 16 bis 24 km mit 0,66°/Dekade eine mittlere Abkühlungsrate, die mehr als doppelt so hoch wie die berechnete ist. Möglicherweise schlägt auch hier der Effekt der starken Ozonabnahme über der Antarktis durch (s. Abschnitt 4.6). Die globale Reduktion der Ozonschicht ist somit neben ihren Rückwirkungen auf Strahlung und Chemie ein wichtiger Klimafaktor.

Die Abkühlung der Stratosphäre als Folge der globalen Reduktion der Ozonschicht wird den wachsenden Treibhauseffekt (s. Abschnitt 4.8) massiv verstärken.

4.6 Das Ozonloch über der Antarktis

Die Geschichte der Entdeckung des Ozonloches liest sich spannend wie ein Kriminalroman: Der Japaner Shigeru Chubachi war der Erste, der auf drastische Ozonverluste über der Antarktis hingewiesen hatte. Auf einem internationalen Ozonsymposium, das im September 1984 in Griechenland stattfand, zeigte er ein Poster mit seltsamen Ergebnissen. Es veranschau-lichte, daß die Ozon-Schichtdicke über der japanischen Antarktisstation Syowa, die normalerweise etwa 300 bis 330 Dobson-Einheiten beträgt (s. Abb. 7), während der Monate September/Oktober 1982 drastisch bis etwa 200 Dobson abfiel und sich erst danach wieder auf normale Werte erhohlte. Angesichts der Tatsache, daß die weltweit geringsten Ozon-Schichtdicken in den Tropen gemessen werden, dort aber kaum unter 250 Dobson absinken, und daß die Schichtdicke zu höheren Breiten zunimmt, hielten die Fachleute Chubachis Ergebnisse offenbar für Fehlmessungen. Sie blieben daher unbeachtet und wären vermutlich in Vergessenheit geraten, wenn sie nicht in den Proceedings dieser Tagung festgehalten worden wären [136].

Es blieb Wissenschaftlern des British Antarctic Survey vorbehalten, als Entdecker des Phänomens Ozonloch bekannt zu werden: Farman, Gardiner und Shanklin konnten an Hand der langen Meßreihen der britischen Antarktisstation Halley Bay zeigen, daß die Oktober-Mittel der Ozon-Schichtdicken über dieser Station von etwa 320 Dobson, die während der sechziger Jahre registriert wurden, auf unter 200 Dobson im Oktober 1984 abgefallen waren, wobei das Ausmaß dieser Ozonreduktion seit Mitte der siebziger Jahre besonders rapide zugenommen hatte. Diese britische Arbeit erschien im Frühjahr 1985 in der Zeitschrift Nature [137] und schlug buchstäblich wie eine Bombe ein.

Groß war die Überraschung in der gesamten Fachwelt, denn niemand hatte einen solchen Effekt vorausgesagt. Es gab nicht den geringsten Anhaltspunkt dafür, warum ein Ozonschwund dieses Ausmaßes so regelmäßig im September/Oktober über der Antarktis auftreten könne. Ganz besonders überrascht war man bei der amerikanischen Weltraumbehörde NASA. Diese hatte nämlich seit Ende der siebziger Jahre einen besonders leistungsfähigen Ozonsensor an Bord des Satelliten NIMBUS 7 im Orbit, der eigens zur globalen Überwachung der Ozonschicht entwickelt worden war. Den für dieses Experiment zuständigen Wissenschaftlern war das Ozonloch aber überhaupt nicht aufgefallen, weil der Rechner für die Auswertung so programmiert war, daß er die abnorm niedrigen Ozonwerte als Fehlmessungen eingestuft und deshalb unterdrückt hatte. Die Nachanalyse der glücklicherweise gespeicherten Rohdaten ergab nun, wenn auch verspätet, eine überwältigende Fülle von Informationen über das Ausmaß und die Morphologie des Phänomens [138].

Die bisher tiefsten „Löcher" wurden im Oktober der Jahre 1987, 89, 90 und 91 gemessen, wobei Schichtdicken bis herunter zu nur 120 Dobson beobachtet worden sind. Mehr als die Hälfte des Ozons über dem antarktischen Kontinent war zeitweise verschwunden, und direkte Messungen mit Ozonradiosonden ergaben, daß dieser Verlust überwiegend den Höhenbereich zwischen 10 und 25 km umfaßte, in dem fast alles Ozon vernichtet war (s. Abb. 34).

Ein derart spektakulärer Effekt war eine Herausforderung an die Wissenschaft, denn das Ozonloch ließ sich mit der normalen Gasphasen-Photochemie, die im Kapitel 2 beschrieben ist und mit der alle Modelle bislang gearbeitet hatten, nicht erklären. Über der Antarktis mußte also etwas Besonderes passieren, das seiner Natur nach bislang unbekannt gewesen war. Es galt daher, nach diesen unbekannten Prozessen zu forschen, die offenbar nur in diesem Teil der Atmosphäre ihre Wirkung entfalten.

Hypothesen über den Einfluß des Aktivitätszyklus der Sonne, von Vulkanausbrüchen und anderen natürlichen Ursachen wurden aufgestellt und wieder verworfen, da sie im Widerspruch zu beobachteten Fakten standen (Eine Übersicht ist in [140] gegeben). Expeditionen zur Antarktis, aber auch zur Arktis, wurden buchstäblich aus dem Boden gestampft; ihre Ergebnisse zeigen deutlich, daß chemische Prozesse die dominierende Rolle spielen müssen. Es lag an sich nahe, den infolge anthropogener Emission stark gestiegenen Halogengehalt der Atmosphäre als Ursache des Ozonloches in Betracht zu ziehen, ging es doch um die Erklärung eines Phänomens, das erst in den letzten 10 bis 15 Jahren akut geworden ist. Dem widersprechen aber die Ergebnisse der bislang bekannten chemischen Reaktionen, wonach Halogene wie Chlor erst oberhalb von 30 km Ozon

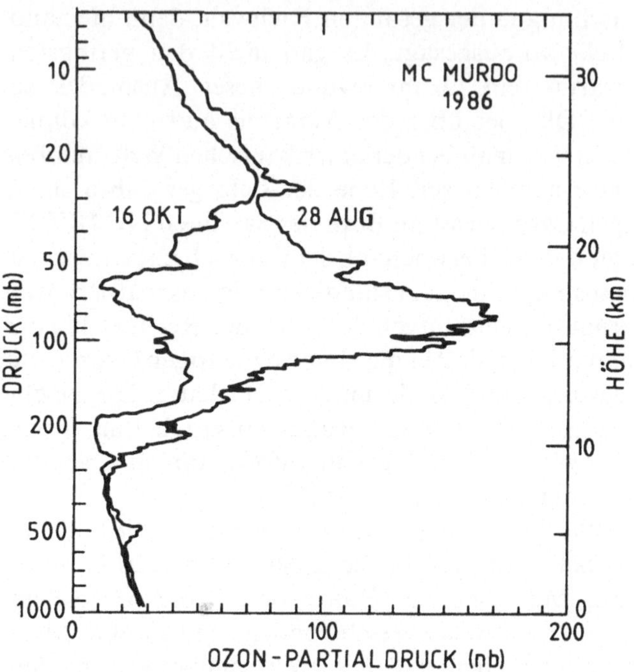

Abb. 34. Ozonprofile, gemessen am 28. August (während der Polarnacht) und 16. Oktober 1986 (nach Wiederkehr der Sonne) veranschaulichen den drastischen Ozonverlust zwischen 10 und 25 km Höhe. Im Jahre 1987 war dieser Ozonschwund noch größer. (Nach [139])

abbauen, das Ozondefizit über der Antarktis jedoch im Höhenbereich darunter, zwischen 10 und 25 km, beobachtet wird.

Abbildung 35 zeigt eine schematische Darstellung der atmosphärischen Chlor-Photochemie, die auf den in Kapitel 2 diskutierten Reaktionen basiert (s. Abb. 11). Cl-Radikale entstehen aus dem Abbau von chlorierten Kohlenwasserstoffen, überwiegend durch UV-Photolyse. Oberhalb 30 km Höhe kann das gebildete Cl, wie in Abschnitt 2.3 erläutert ist, in katalytischen Zyklen Ozon abbauen gemäß

$$O_3 + Cl \rightarrow O_2 + ClO$$
$$O + ClO \rightarrow O_2 + Cl$$

$$Netto: \quad O_3 + O \rightarrow 2\,O_2$$

Ganz analog wirkt auch Brom, wobei in dem gezeigten Schema Cl und ClO entsprechend durch Br und BrO zu ersetzen sind. Br-Radikale entstehen aus bromhaltigen Quellgasen, von denen einige im unteren Teil der Abb. 35 aufgelistet sind.

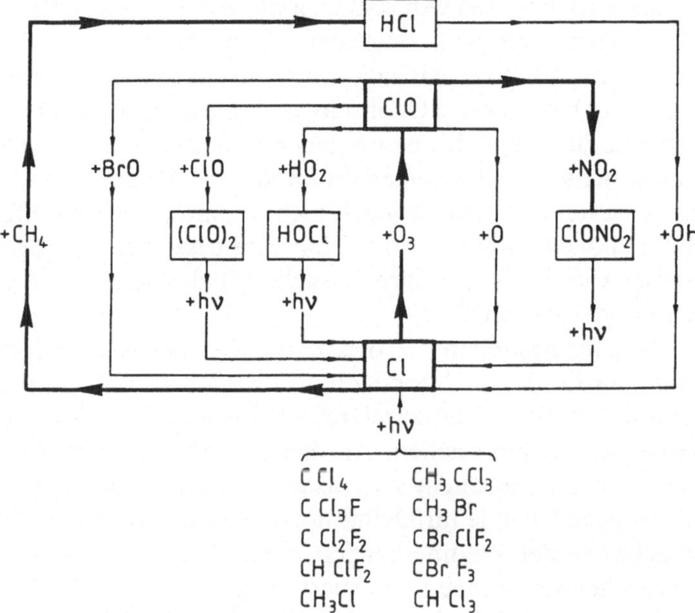

Abb. 35. Schematische Darstellung der atmosphärischen Halogen-Photochemie. Die Cl-Radikale entstehen aus dem Abbau von chlorierten Kohlenwasserstoffen, im wesentlichen durch Photolyse. Br-Radikale entstehen analog (hier nicht gezeigt) aus bromhaltigen Quellgasen, von denen einige im unteren Teil der Abbildung aufgelistet sind. Für weitere Erläuterungen der verschiedenen Reaktionspfade siehe Text. (Nach [140])

Diese katalytischen Zyklen können aber nur oberhalb 30 km Höhe ablaufen, wo genügend atomarer Sauerstoff für die Rückreaktion $O + ClO \rightarrow O_2 + Cl$ vorhanden ist. Unterhalb 25 km, im Höhenbereich des Ozonloches, überwiegt jedoch die Konzentration von NO_2 diejenige von O um ein vielfaches, so daß über die Reaktion $ClO + NO_2 + M \rightarrow ClONO_2 + M$ die inaktive Reservoirsubstanz Chlornitrat gebildet wird (s. Abschnitt 2.4 und Abb. 15). Durch die Stickoxide wird das aktive Chlor als inaktives Chlornitrat regelrecht weggepuffert. Ein großer Teil des aktiven Cl wird ferner durch die direkte Reaktion mit Methan gemäß $Cl + CH_4 \rightarrow HCl + CH_3$ (s. Abb. 15) als inaktiver Chlorwasserstoff gebunden. Im Höhenbereich des Ozonloches wird somit ein Großteil des aktiven Cl, das aus dem Abbau von chlorhaltigen Quellgasen entsteht, sofort in die inaktiven Reservoirgase HCl und $ClONO_2$ übergeführt (Fett gezeichnete Reaktionspfade in Abb. 35). Deshalb kann unter „normalen" Bedingungen dort kein nennenswerter Ozonabbau durch Chlor stattfinden.

Inzwischen wissen wir, daß über der Antarktis während der Winter- und Frühlingsmonate ganz besondere, bisher unbekannte Prozesse ablaufen, welche aus inaktiven Substanzen so viel aktives Chlor freisetzen, daß sich damit der beobachtete Ozonschwund mühelos berechnen läßt. Die Meßergebnisse der Expeditionen ergeben zusammen mit den Resultaten reaktionskinetischer Messungen im Labor und Modellrechnungen ein Mosaik konsistenter Indizien, wonach nicht mehr daran gezweifelt werden kann, daß Halogene, überwiegend Chlor, freigesetzt aus halogenierten Kohlenwasserstoffen, die primäre Ursache für das temporäre Ozondefizit über dem Südpolgebiet sind.

Die ganz besonderen Prozesse, die über der Antarktis die Umwandlung inaktiver in aktive Chlor-Komponenten bewerkstelligen, werden ermöglicht durch die Existenz polarer stratosphärischer Wolken, die bis in eine Höhe von 25 km reichen. An den Oberflächen der Wolkenpartikel läuft eine ganz andere Chemie ab als in der reinen Gasphase. Wenn auch diese heterogene Chemie im Detail noch nicht genau verstanden ist, zeigen die Ergebnisse der Feldmessungen zweifelsfrei, daß aktives Chlor dabei in ausreichender Menge produziert wird.

Wahrscheinlich laufen an den Oberflächen der Wolkenpartikel folgende heterogenen Reaktionen ab:

(1) $\text{ClO NO}_2 + \text{H}_2\text{O}$ (Partikel) $\rightarrow$ $\text{HOCl} + \text{HNO}_3$ (Partikel)

(2) $\text{ClO NO}_2 + \text{HCl}$ (Partikel) $\rightarrow$ $\text{Cl}_2 + \text{HNO}_3$ (Partikel)

Reaktion (1) kann direkt an Wasser- oder Eisoberflächen ablaufen. Reaktion (2) setzt voraus, daß sich HCl zuvor in Wolkenpartikeln gelöst hat. In beiden Fällen entsteht HNO_3, das in der flüssigen bzw. festen Phase gelöst bleibt. Dadurch werden die Stickstoffkomponenten aus der Gasphase entfernt und bleiben, solange die Wolkenpartikel existieren, gebunden.

Größere Wolkenpartikel können sedimentieren und zum Boden herunterfallen. Die Stratosphäre wird dadurch denitrifiziert.

Das in Reaktion (1) gebildete HOCl kann in einer weiteren heterogenen Reaktion in Cl_2 übergeführt werden [141].

(3) $\text{HCl} + \text{HOCl}$ (Partikel) $\rightarrow$ $\text{Cl}_2 + \text{H}_2\text{O}$ (Partikel)

Es kann aber auch photolysieren gemäß

(4) $\text{HOCl} + \text{h}\nu$ $\rightarrow$ $\text{OH} + \text{Cl}$

Das in Reaktion (2) und (3) gebildete Cl_2 kann schließlich photolysieren

(5) $\text{Cl}_2 + \text{h}\nu$ $\rightarrow$ $\text{Cl} + \text{Cl}$

Hierzu ist Sonnenstrahlung erforderlich, während die heterogenen Reaktionen (1)–(3) bereits während der Polarnacht ablaufen können.

Mit der Freisetzung von Cl ist nur ein geringer Ozonabbau verbunden, solange lediglich die Reaktion $Cl + O_3 \rightarrow ClO + O_2$ ablaufen, nicht jedoch die Rückführung $ClO \rightarrow Cl$ erfolgen kann. Da die Reaktion $ClO + O \rightarrow Cl + O_2$ im Höhenbereich des Ozonloches nahezu bedeutungslos ist, wurden andere Reaktionen vorgeschlagen, um den Zyklus zu schließen. Eine wichtige Rolle spielt dabei die Dimerverbindung $(ClO)_2$, über die sich der katalytische Zyklus $O_3 + O_3 \rightarrow 3\,O_2$ schließt gemäß

$$Cl + O_3 \rightarrow ClO + O_2$$
$$Cl + O_3 \rightarrow ClO + O_2$$
$$ClO + ClO + M \rightarrow (ClO)_2 + M$$
$$(ClO)_2 + h\nu \rightarrow Cl + ClOO$$
$$ClOO + M \rightarrow Cl + O_2 + M$$

Netto: $O_3 + O_3 \rightarrow 3\,O_2$

Dieser katalytische Zyklus, zu dessen Ablauf wegen der Photolyse von $(ClO)_2$ Licht erforderlich ist, bewirkt etwa 60 bis 75% der Ozonzerstörung. Daneben kann der Zyklus, wie Abb. 35 veranschaulicht, auch über Reaktionen von ClO mit BrO bzw. HO_2 geschlossen werden (siehe [140]).
Diese katalytischen Zyklen laufen folgendermaßen ab:

$$Cl + O_3 \rightarrow ClO + O_2$$
$$Br + O_3 \rightarrow BrO + O_2$$
$$ClO + BrO \rightarrow Br + Cl + O_2$$

Netto: $O_3 + O_3 \rightarrow 3\,O_2$

$$Cl + O_3 \rightarrow ClO + O_2$$
$$OH + O_3 \rightarrow HO_2 + O_2$$
$$HO_2 + ClO \rightarrow HOCl + O_2$$
$$HOCl + h\nu \rightarrow OH + Cl$$

Netto: $O_3 + O_3 \rightarrow 3\,O_2$

Der $Cl - Br$-Zyklus ist durch den atmosphärischen Anteil und BrO_x limitiert und trägt mit etwa 15 bis 35% zum Ozonabbau bei. Da er keine Photolyse enthält, kann er auch im Dunkeln ablaufen. Der $Cl - OH$-Zyklus hat mit maximal 10 bis 15% nur geringen Anteil an der Ozonzerstörung. Er läuft wegen der Photolyse von HOCl nur mit Sonnenstrahlung ab.

Die stratosphärischen Wolken verdanken ihre Existenz dem Umstand, daß es im Winter in der polaren Stratosphäre sehr kalt wird. Wegen der extremen Trockenheit der Stratosphäre – 5 ppm Wasserdampf bei – 53 °C in 20 km Höhe entsprechend einer relativen Feuchte von weniger als 1 % – muß sich die Luft aber mindestens bis $- 85\,°C$ und darunter abkühlen, damit Kondensation bzw. Eiskristallbildung erfolgen kann. Deshalb sind stratosphärische Wolken in der Literatur der letzten 150 Jahre auch nur sporadisch beschrieben. Diese als Perlmutterwolken bezeichnete Erscheinung trat gelegentlich nur dort auf, wo durch Hebung beim Überströmen von Gebirgen die erforderliche Abkühlung erreicht wurde, etwa in Skandinavien.

Seit etwa 10 Jahren wissen wir aus Satellitenbeobachtungen, daß über der Antarktis ausgedehnte stratosphärische Wolkenformationen während der Wintermonate gebildet werden, die bis in den antarktischen Frühling hinein Bestand haben [142]. Die winterliche Stratosphäre über der Antarktis ist mit $- 80\,°C$ und darunter im Mittel etwa 10° kälter als ihr arktisches Gegenstück. Dies ist die Folge einer sehr symmetrischen Zyklone, die sich, über dem Südpol zentriert, mit Beginn des Winters ausbildet. Der entsprechend breitenkreisparallele Umlauf der Luft führt zu einer stärkeren Abkühlung als in der winterlichen Stratosphäre der Antarktis, wo der Polarwirbel asymmetrisch und in seiner Lage meist variabel ist, so daß sich dort Luft verschiedener Breitenbereiche vermischen kann.

Neben den Eiswolken, die heute als stratosphärische Wolken vom Typ II bezeichnet werden [143], wurden aber auch ausgedehnte Wolkenformationen in wärmeren Regionen der Stratosphäre bis etwa $- 73\,°C$ beobachtet, in denen Typ-II-Wolken nicht gebildet werden können. Diese Wolken, die als Typ-I-Wolken bezeichnet werden, bestehen vermutlich aus der kristallinen Form von $HNO_3 \times 3\ (H_2O)$ oder kurz „NAT" (*nitric acid trihydrate*) [144, 145].

Die Existenz der Typ-I-Wolken ist ein starkes Indiz dafür, daß die Denitrifizierung der Stratosphäre über die vorgenannten heterogenen Reaktionen tatsächlich stattfindet. Wie die Typ-I-Partikel-Bildung im einzelnen abläuft, ob durch homogene Nukleation aus der Gasphase oder durch heterogene Nukleation an präexistierenden Oberflächen, etwa Typ-II-Partikeln, ist noch ungeklärt. Auch Sulfat-Aerosolteilchen der natürlichen Sulfatschicht, welche die Erde in Höhen zwischen 12 und 30 km umgibt, können als Keime für diesen heterogenen Nukleationsprozeß dienen [143].

Alle Indizien sprechen dafür, daß das Ozonloch primär ein vom Menschen durch die Emission halogenierter Kohlenwasserstoffe verursachter Effekt ist, wobei die Meteorologie in der Südhemisphäre die ganz speziellen Bedingungen schafft, die zum Ablauf der Prozesse erforderlich sind. Das Innere der winterlichen Zyklone, das fast die Ausmaße des antarktischen Kontinents umfaßt, ist gegen den Rest der Atmosphäre abgeschlossen. Es ist gleichsam wie ein Gefäß, in dem die Reaktionsketten ablaufen, bei denen Ozon im Höhenbereich von 10 bis 25 km weitgehend vernichtet wird. Erst wenn sich die winterliche Zyklone nach Rückkehr der Sonne genügend erwärmt hat und in eine sommerliche Antizyklone übergeht, kann ozonreiche Luft von niederen Breiten einströmen und die ozonarme Luft über dem Südpol verdrängen. Extrem geringe Ozon-Schichtdicken, die im Dezember 1987 an australischen und neuseeländischen Stationen über Wochen hinweg gemessen wurden, sind auf Reste ozonarmer Luft aus dem Ozonloch des Jahres 1987 zurückzuführen und vermitteln gewissermaßen einen Eindruck davon, inwieweit selbst weit entfernte Regionen der Südhalbkugel in Mitleidenschaft gezogen werden können. Während die Ozonwerte im Mittel von 320 auf 260 Dobsoneinheiten abfielen, nahm der in Melbourne laufend registrierte Fluß der UVB-Strahlung am Boden von 2130 auf 2670 mW/m^2 zu. Erst gegen Ende Januar 1988 stellten sich wieder normale Werte ein [146, 147].

Bisher ist wenig bekannt über mögliche Auswirkungen erhöhter UV-Strahlungsflüsse als Folge des Ozonloches. Man kann sich vorstellen, daß Kleinlebewesen im Meer, insbesondere das Phytoplankton, das auf Photosynthese angewiesen ist und daher der UV-Strahlung nicht ausweichen kann, durch derart massive Verstärkung der UV-Strahlung geschädigt werden können. Derartige Effekte sind zur Zeit Gegenstand intensiver Forschung. Kritisch könnte es sein, wenn sich das Ozonloch auf andere Regionen ausdehnen würde, in denen Landvegetation, Menschen und Tiere dann stark erhöhten UV-Strahlungsflüssen ausgesetzt wären. Man muß sich klarmachen, daß die halogenierten Kohlenwasserstoffe, die als primäre Ursache des Ozonloches gelten, zu etwa 90 Prozent in mittleren nördlichen Breiten emittiert werden. Das Ozonloch tritt aber über der Antarktis auf, weit entfernt von den Emissionsquellen. Das liegt daran, daß diese Substanzen lange Lebensdauern haben und deshalb nahezu gleichmäßig über den Globus verteilt werden. Der Effekt könnte also letztlich überall auftreten, wo die stratosphärischen Temperaturen tief genug sind, so daß sich stratosphärische Wolken bilden. In diesem Sinne kommt der weltweiten Abkühlung der Stratosphäre infolge des wachsenden Treibhauseffektes (Abschnitt 4.8), aber auch infolge des langsamen globalen Ozonschwundes in der Stratosphäre (Abschnitt 4.5) eine immense umweltpolitische Bedeutung zu.

Polare stratosphärische Wolken der Typen I und II kommen auch in der arktischen Stratosphäre vor [148, 149], und es kommt dort auch zur Freisetzung aktiver Halogene aus den inaktiven Reservoirsubstanzen. Die Ergebnisse international koordinierter Meßkampagnen haben gezeigt, daß in der Arktis während der Wintermonate im Prinzip die gleichen Prozesse ablaufen und die Chemie in ähnlicher Form gestört ist wie in der Antarktis

[150, 151]. Es wurden in der Arktis auch Regionen deutlich reduzierter Ozon-Schichtdicken gefunden, aber eine derart massive Ozonzerstörung wie über der Antarktis wurde bislang nicht bemerkt. Dies mag zum einen daran liegen, daß die winterliche Zyklone über der Arktis meist recht asymmetrisch zum Nordpol aufgebaut ist und größere meridionale Durchmischung ermöglicht. Zum anderen bricht diese Zyklone, im Gegensatz zur Situation über der Antarktis, in der Regel zusammen, bevor die Polarnacht beendet ist und die Sonnenstrahlung wiederkehrt, die zur Photolyse und damit zum Ablauf der vorgenannten katalytischen Zyklen erforderlich ist.

Ozonreduktionen als Folge heterogener Prozesse an Partikeloberflächen gewinnen aber angesichts des laufend anwachsenden Halogengehaltes der Atmosphäre zunehmend an Bedeutung. Solche Prozesse können auch an den Aerosolteilchen der natürlichen Sulfatschicht, die aus biogenen Schwefelverbindungen gespeist wird, ablaufen [152–154]. Dies könnte erklären, warum die gemessenen Ozonreduktionen in mittleren Breiten (Abb. 33) wesentlich größer sind, als es die Modelle ohne Berücksichtigung der heterogenen Chemie berechnen.

Zusätzliche Sulfatpartikel als Folge der Oxidation von Schwefelverbindungen vulkanischen Ursprungs können zeitweise den heterogenen Ozonabbau verstärken. Ein solcher Effekt konnte nach der Eruption des El Chichón in Mexiko (1982) nachgewiesen werden [155]. Möglicherweise sind die abnorm niedrigen Ozonwerte, die im Winter 1991/92 in Mitteleuropa gemessen wurden, eine Folge der Eruption des Pinatubo/Philippinen im Juni 1991, dessen stratosphärische Aerosolwolke sich im Dezember 1991 bis Europa ausgedehnt hatte.

Bis die heterogenen Prozesse im Detail verstanden sind, wird noch viel koordinierte Forschung erforderlich sein. Angesichts der Beschleunigung, welche der Ozonabbau, insbesondere auch auf der Nordhalbkugel, erfahren hat, ist die Reduktion der Emission von FCKW-Verbindungen um so dringlicher geworden.

Der Großteil der langlebigen bislang in die Atmosphäre abgelassenen halogenierten Kohlenwasserstoffe befindet sich noch immer in den untersten Luftschichten. Er wird erst allmählich in die Stratosphäre diffundieren, dort abgebaut werden und die dabei freigesetzten Halogenatome ihr Spiel mit dem Ozon beginnen lassen. Der bislang erfolgte Ozonabbau resultiert von Halogenverbindungen, deren Emission schon 10 und mehr Jahre zurückliegt. Diese Langzeitwirkung bedingt, daß selbst bei sofortigem weltweitem Emissionsstop aller halogenierten Kohlenwasserstoffe der stratosphärische Ozonabbau noch 10 bis 20 Jahre weiter fortschreiten und erst danach langsam wieder abklingen würde. Das Ozonloch über der Antarktis wird uns somit noch für die nächsten 100 Jahre begleiten. Es wird dabei, wie in der Vergangenheit, bedingt durch die Dynamik der Atmosphäre, einmal stärker und wieder schwächer ausgeprägt sein und erst dann abklingen, wenn der atmosphärische Chlorpegel sinkt.

4.7 Anthropogene N_2O-Emission durch die Landwirtschaft

Der Mensch greift in mannigfacher Weise in den Stickstoff-Kreislauf ein und bewirkt dadurch direkt und indirekt Veränderungen der globalen N_2O-Produktion. Die Verbrennung von Biomasse und fossilen Brennstoffen gehören zu den direkten Prozessen, bei denen N_2O gebildet wird. Zu den indirekten Eingriffen zählen die Bearbeitung von Acker- und Weideland, der Anbau von Leguminosen und die Applikation industriell fixierten Stickstoffs in Form von Stickstoffdünger. Nach McElroy [62] sind von den insgesamt 220 Millionen Tonnen Stickstoff, die auf der Erde pro Jahr fixiert werden, 40% auf den Einfluß menschlicher Aktivitäten zurückzuführen (s. Abschnitt 3.3). Es ist zur Zeit aber nicht möglich, die Ergiebigkeit der einzelnen Prozesse, die zur N_2O-Emission beitragen, quantitativ zu bestimmen. Weltweite Meßreihen zeigen, daß der atmosphärische Gehalt von N_2O um etwa 0,5 ppb oder 0,2% pro Jahr zunimmt. Das Volumenmischungsverhältnis stieg von 292 ppb im Jahre 1960 auf 302 ppb im Jahre 1980 an [34]. Neuere Messungen bestätigen, daß sich dieser Trend von 0,2 bis 0,3% pro Jahr fortsetzt.

Da N_2O das Quellgas für stratosphärische NO_x-Radikale ist, kann ein Anstieg des atmosphärischen N_2O-Anteils zu einem Wachsen des NO_x-Pegels in der Stratosphäre und damit zu einem verstärkten katalytischen Ozon-Abbau führen. Nach heutigen Modellrechnungen würde eine Verdoppelung des atmosphärischen N_2O-Gehaltes eine Reduktion der Ozon-Schichtdicke zwischen 10 und 12 Prozent bewirken. Die größten Konzentrationsänderungen wären im Höhenbereich zwischen 20 und 30 km zu erwarten [34].

4.8 Der Anstieg des atmosphärischen Kohlendioxid-Gehaltes

Kohlendioxid gehört nicht zu den atmosphärischen Bestandteilen, die für die photochemischen Prozesse von direktem Interesse sind. Zwar führt die Photolyse von CO_2 in der oberen Stratosphäre und Mesosphäre zur Bildung von Kohlenmonoxid und trägt so zu dem Wiederanstieg des CO-Mischungsverhältnisses oberhalb 25 km bei (s. Abschnitt 2.3), auf die in diesem Buch diskutierten Fragenkomplexe hat jedoch, photochemisch gesehen, CO_2 kaum direkten Einfluß.

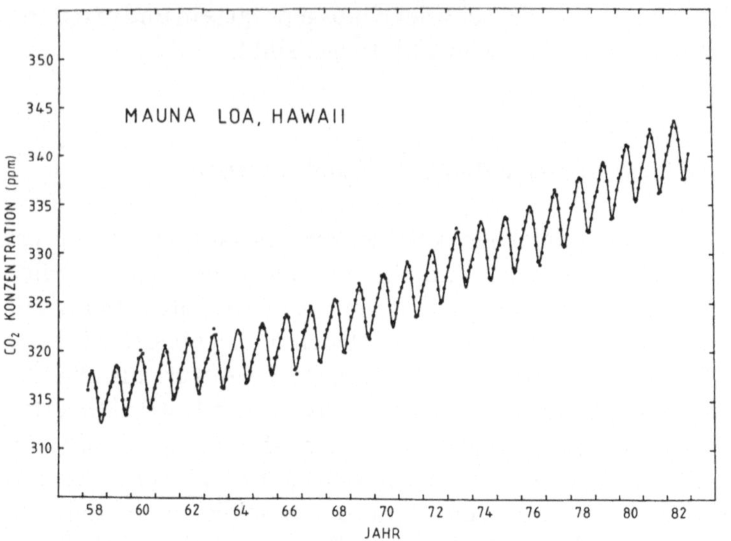

Abb. 36. Anstieg des atmosphärischen Kohlendioxidgehaltes nach Messungen in Hawaii (nach [156]). Dem zeitlichen Trend des Anstiegs sind vegetationsbedingte jahreszeitliche Variationen überlagert

CO_2 trägt vermöge seiner Absorptionseigenschaften im Infrarotbereich zum atmosphärischen „Treibhauseffekt" bei und ist damit ein Klimafaktor. Als Folge der Verbrennung von Kohle, Erdöl und Erdgas nimmt der atmosphärische Gehalt von CO_2 laufend zu. Die Vernichtung großer Regenwaldgebiete in den Tropen trägt zu diesem globalen CO_2-Anstieg mit etwa 20 Prozent bei. Abbildung 36 zeigt anhand der berühmten Meßreihe von Hawaii [156], daß über die letzten 25 Jahre eine Zunahme von 315 ppm bis 340 ppm erfolgt ist; das entspricht etwa 1 ppm pro Jahr, wobei der Trend offenbar etwas zugenommen hat. Die dem Langzeittrend überlagerten jahreszeitlichen Variationen spiegeln die jahreszeitbedingte Aufnahme und Abgabe von CO_2 durch die Vegetation wider. Die Registrierungen anderer Stationen bestätigen, daß der Anstieg des atmosphärischen CO_2-Gehaltes tatsächlich ein globaler Effekt ist. Mit Hilfe von CO_2-Analysen der Gaseinschlüsse in Eisbohrkernen aus der Antarktis konnte der globale CO_2-Trend um über 200 Jahre zurückverfolgt werden. Diese indirekten Messungen schließen lückenlos an die neueren Registrierungen an und zeigen, daß im Jahre 1750, vor Beginn der Industrialisierung, der atmosphärische CO_2-Anteil nur etwa 280 ppm betragen hat [157].

Der weltweite Anstieg der CO_2-Konzentration führt zu einer Verstärkung des Treibhauseffektes und damit zu einem Ansteigen der Temperaturen an der Erdoberfläche. Nach Keeling [158] ist damit zu rechnen, daß sich bis zum Ende des kommenden Jahrhunderts der atmosphärische CO_2-Gehalt gegenüber dem von 1950 mindestens verdoppelt haben wird. Modellrechnungen für ein derartiges Szenarium ergeben ein Ansteigen der Temperaturen an der Erdoberfläche zwischen 1,5 und 4,5 Grad je nach geographischer Breite, Länge und Jahreszeit. In der Stratosphäre würde sich aber auf Grund erhöhter Infrarotstrahlung eine Abkühlung um etwa 2 Grad in 30 km Höhe ergeben [159, 160].

In Bezug auf das Klima dürfte der Anstieg des atmosphärischen Kohlendioxid-Gehaltes wohl der schwerwiegendste der zur Zeit erkennbaren anthropogenen Effekte sein. Es ist aber nicht Gegenstand dieses Buches, die vielfältigen Auswirkungen derartiger Klimaänderungen im Hinblick auf die Lebensbedingungen auf der Erde zu diskutieren. Genannt seien hier nur das mögliche Abschmelzen eines Teiles der irdischen Eismassen und der damit verbundene Anstieg des Meeresspiegels sowie die Verlagerung der Niederschlagszonen und die damit verbundenen Aspekte der Wasserversorgung und Ernährungssicherung. Der Leser findet hierzu ausgezeichnete Darstellungen unter [161–164].

Für die chemischen Reaktionen in der Stratosphäre bedeutet die Abkühlung, die als Folge des CO_2-Anstieges zu erwarten ist, eine Abnahme der Reaktionsgeschwindigkeiten. Wenn die katalytischen Ozon-Abbaureaktionen aber langsamer ablaufen, führt die CO_2-Zunahme indirekt zu einer Ozon-Vermehrung in der Stratosphäre.

Das Beispiel dieser „Temperaturrückkoppelung" zeigt, wie komplex das Problem der Berechnung anthropogener Effekte grundsätzlich ist. So muß man z. B. für die Berechnung der Ozon-Schichtänderung durch die CFM ein Szenarium für die zukünftige CFM-Emission und ein weiteres Szenarium für den CO_2-Anstieg (für die Temperaturrückkoppelung) zugrundelegen. Wegen der Kopplungsreaktionen benötigt man für jeden Zeitschritt die „richtige" Verteilung der NO_x-Komponenten. Man braucht also zusätzlich ein Szenarium für die NO_x-Emission durch Flugzeuge, und man benötigt ferner ein Szenarium für die anthropogene N_2O-Emission. Derartige gekoppelte Szenarien sind notwendig, da sich die Effekte der einzelnen Szenarien entweder gegenseitig verstärken oder schwächen können.

Als Beispiel wird in Abb. 37 das Modellergebnis für ein gekoppeltes Szenarium gezeigt, das der Entwicklung der kommenden 100 Jahre entsprechen könnte. Es zeigt, wie sich die Ozon-Konzentration als Funktion der Höhe im Laufe dieser Zeit auf Grund anthropogener Einflüsse ändern dürfte. Diese Einflüsse sind die Emission halogenierter Kohlenwasserstoffe, die Injektion von Stickoxiden durch Flugzeuge, die anthropogene N_2O-Produktion und der CO_2-Anstieg. Es wurden der Berechnung folgende Annahmen zugrundegelegt:

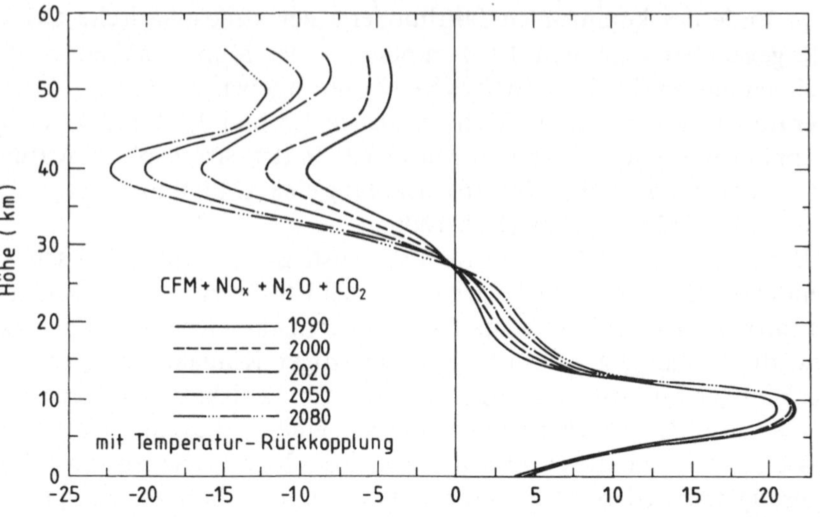

Abb. 37. Modellergebnisse für ein gekoppeltes Szenarium, welches die relative Änderung der Ozonkonzentration als Folge der Emission von Chlor-Fluor-Methanen (CFM), von NO$_x$ aus Flugzeugabgasen, sowie des N$_2$O- und CO$_2$-Anstiegs darstellt. Verkehrsflugzeuge führen hiernach zu einer Ozonvermehrung in 10 km Höhe, welche die Ozonreduktion durch CFM in 40 km Höhe teilweise kompensiert. (Nach [34])

FKW: Konstante Emissionsrate (1976) wie in Abb. 32
Flugzeuge: Bis 1990 projektierte Entwicklung der Verkehrsflotte, danach konstant [34]
N$_2$O: Fortsetzung des beobachteten Anstieges (s. Abschnitt 4.7)
CO$_2$: Fortsetzung des Anstieges

Die Ozon-Vermehrung durch Flugzeugabgase, die in 10 km Höhe ungefähr 20 Prozent ausmacht, kompensiert einen Teil der Ozon-Verminderung durch CFM, die in etwa 40 km Höhe am größten ist (N$_2$O wirkt sich im Bereich dazwischen aus).

Die Abbildung 37 zeigt aber auch, daß sich der thermische Effekt der einzelnen Störungen beim gekoppelten System verstärkt: In der unteren Atmosphäre und an der Erdoberfläche wird die Temperaturerhöhung auf Grund des CO$_2$-Treibhauseffektes durch zusätzliche Absorption solarer Strahlung als Folge der Ozon-Vermehrung im Tropopausenbereich verstärkt. In der Stratosphäre wird umgekehrt der Abkühlung auf Grund der Zunahme des atmosphärischen CO$_2$-Gehaltes eine weitere Abkühlung als Folge reduzierter Ozon-Konzentration und damit geringerer Absorption solarer Strahlung überlagert. Der klimatische Effekt verstärkt sich demnach, während in Bezug auf die Ozon-Schichtdicke eine teilweise Kompensation der einzelnen Störungen erfolgt.

Der Anstieg des atmosphärischen Kohlendioxidgehaltes als Folge der Verbrennung fossiler Kohlenstoffvorräte wie Kohle, Erdöl und Erdgas, aber auch als Folge der Vernichtung tropischer Regenwälder, ist nur die eine Seite des Treibhausproblems. Der Anstieg der atmosphärischen Anteile von Methan, Distickstoffoxid und insbesondere der halogenierten Kohlenwasserstoffe führt zu einer weiteren drastischen Verstärkung des Treibhauseffektes. Schon heute ist der Anteil dieser Treibhausgase am Anwachsen des Treibhauseffektes genau so groß wie der von CO_2, und er wird in den kommenden Jahren voraussichtlich weiterwachsen [163]. Die Erdoberfläche, der Ozean und die untere Atmosphäre werden sich also stärker erwärmen, die Stratosphäre entsprechend stärker abkühlen, als dies durch die Freisetzung von CO_2 allein der Fall wäre. Insbesondere die halogenierten Kohlenwasserstoffe sind an dem Anwachsen des Treibhauseffektes wesentlich beteiligt, denn sie absorbieren Infrarotstrahlung gerade in dem Wellenlängenbereich um 10 µm, in dem die Atmosphäre ansonsten nahezu transparent ist.

Die Gruppe der halogenierten Kohlenwasserstoffe stellt somit in mehrfacher Weise ein schwerwiegendes Umweltproblem dar: Sie ist verantwortlich für den langsamen globalen Abbau von Ozon in der Stratosphäre; dieser wiederum führt dort zu einer Abkühlung, was indirekt den Treibhauseffekt verstärkt; halogenierte Kohlenwasserstoffe sind ferner verantwortlich für das Ozonloch über der Antarktis, und schließlich verstärken diese Substanzen vermöge ihrer Infrarot-Absorptionseigenschaften direkt den Treibhauseffekt. Alle diese Probleme haben globale Dimensionen; es ist belanglos, wo die Emissionen erfolgen, die Emission an sich stellt die Umweltgefährdung dar.

4.9 Schlußbemerkungen

In den vorangehenden Abschnitten wurden Mechanismen erläutert, über die der Mensch in das chemische System Atmosphäre eingreift. Für einige dieser Eingriffe sind die Folgen direkt sichtbar: Smog, Waldsterben und Versauerung der Böden und Gewässer sind Tatsachen, die eindeutig auf die Emission von Schadstoffen zurückzuführen sind, auch wenn viele Prozesse der Ursachenkomplexe im Detail noch genauer erforscht werden müssen.

Der Einfluß der Freisetzung halogenierter Kohlenwasserstoffe konnte für lange Zeit nicht durch Messungen nachgewiesen werden, da das Ausmaß der Reduktion der Ozon-Schichtdicke gering war und sich somit nicht über dem Untergrund der natürlichen Fluktuationen eindeutig identifizieren ließ. Es gab zwar „harte Fakten": So hatte sich zwischen 1970 und 1980 der Anteil von CFC-11 und CFC-12 in der Atmosphäre annähernd verdreifacht; in diesem Zeitraum wuchs das Volumenmischungsverhältnis von CFC-11 ungefähr von 60 auf 180 ppt, das von CFC-12 von 100 auf 300 ppt an [34]. Dieser weltweite Anstieg ist mit den in Abb. 32 dargestellten Injektionsraten dieser beiden Substanzen nur dann in Einklang zu bringen, wenn diese eine atmosphärische Lebensdauer von mindestens 55 bzw. 100 Jahren haben. Dies bedeutet aber, daß außer dem photochemischen Abbau in der Stratosphäre keine weiteren Senkenmechanismen von Bedeutung sind. Es war somit nicht damit zu rechnen, daß hier unten in der Troposphäre, am Erdboden oder an der Meeresoberfläche noch nennenswerte Abbauprozesse gefunden werden könnten. Daran, daß CFC-11 und CFC-12 in der Stratosphäre abgebaut und damit Chlor-Atome freigesetzt werden, konnte nach den zahlreich vorliegenden Messungen der Vertikalprofile dieser Substanzen auch nicht gezweifelt werden.

Das wohl stärkste Indiz für die prinzipielle Richtigkeit der Ozon-Abbautheorie durch CFM war die Identifizierung von Fluorwasserstoff (HF) in der Stratosphäre. Die Photolyse von CCl_3F und CCl_2F_2 in der Stratosphäre durch UV-Strahlung führt schließlich auch zur Freisetzung von Fluor-Atomen [43]. Die Fluor-Chemie führt analog zu der Chlor-Chemie zu katalytischer Ozon-Zerstörung, jedoch werden die F-Atome durch Reaktionen mit den Quellgasen H_2 und CH_4 rasch in Form des inaktiven HF gebunden. HF ist im Gegensatz zu HCl, das durch Reaktionen mit OH immer wieder in das aktive Cl übergeführt wird (s. Abb. 15), stabil und reichert sich in der Stratosphäre an. Aus hochauflösenden Sonnenspektren, die auf dem Jungfraujoch in 3500 m Höhe aufgenommen wurden, konnte 1975 eine HF-Spektrallinie vermessen werden, die eindeutig von Absorption durch HF in der Stratosphäre herrührt [165]. Da HF in der Troposphäre nicht vorkommt, muß es auf indirektem Wege in die Stratosphäre gelangt sein, und es liegt nahe zu schließen, daß es ein Produkt aus den Chlorfluormethanen unserer Zivilisation ist. Die Vertikalverteilung von HF in der Stratosphäre, die inzwischen mit Hilfe ballongetragener Sonden direkt gemessen werden konnte [34], wird durch Modellrechnungen im Rahmen der Fehlergrenzen bestätigt [166].

Inzwischen zeigen aber die Meßdaten bodengebundener und satellitengetragener Meßgeräte direkt und eindeutig, daß die Ozon-Schichtdicken tatsächlich weltweit geringer werden. Die beobachtete Abnahme ist sogar stärker als diejenige, welche die Modelle berechnen. Und schließlich ist der drastische Effekt des Ozonloches, bei dem während der Monate September/Oktober etwa die Hälfte des Ozons über dem antarktischen Kontinent verschwindet, ein mehr als deutlicher Hinweis auf die Veränderungen unserer Umwelt als Folge der Emission halogenierter Kohlenwasserstoffe.

Auch die klimatischen Veränderungen, die auf Grund des Anstieges des atmosphärischen Anteils von Kohlendioxid [167], Methan, Distickstoffoxid und der halogenierten Kohlenwasserstoffe zu erwarten sind, liegen bislang nur als Modellvorhersage vor. Es gibt aber inzwischen eine Reihe von Indizien für eine Klimaänderung durch den verstärkten Treibhauseffekt, und die sorgfältige Trendanalyse der Klimabeobachtungsdaten hat viele mit den Klimamodellaussagen übereinstimmende Befunde erbracht. So hat die mittlere globale Temperatur seit 1860 um etwa 0,6 °C zugenommen [130], der Meeresspiegel ist im gleichen Zeitraum um 15 cm angestiegen, und es gibt erste Hinweise darauf, daß sich die Stratosphäre abkühlt [134, 135, 168].

Die klimatischen Veränderungen wiederum wirken über die Temperaturabhängigkeit der chemischen Reaktionen auf das System der Spurengase zurück. Diese Temperaturrückkoppelung (s. Abschnitt 4.8) bedingt somit, daß für Langzeitvorhersagen Klimamodelle, die heute erst in ersten Ansätzen vorhanden sind, mit photochemischen Spurengasmodellen gekoppelt werden müssen.

Neben CO_2 und Wasserdampf tragen auch andere Spurengase wie CH_4, N_2O, CCl_3F und CCl_2F_2 auf Grund ihrer Absorptionseigenschaften zum thermischen Budget der Atmosphäre bei; der atmosphärische Anteil dieser Gase nimmt als Folge menschlicher Aktivitäten zu, wodurch die Temperaturrückkoppelung noch komplizierter wird. Schließlich sei auf die Rolle der Biosphäre hingewiesen, die für viele Spurengase, z. B. N_2O, CH_4 oder CH_3Cl die wichtigste Quelle ist. Die Biosphäre und der mit ihr gekoppelte Wasserkreislauf werden von Klimaschwankungen unmittelbar beeinflußt und wirken ihrerseits auf das Klima zurück. In diese Wechselbeziehung greift der Mensch in vielfältiger Weise ein: Durch Land- und Forstwirtschaft, durch Wasserwirtschaft, Besiedlung und Industrialisierung werden wichtige Steuerfaktoren des Klimas wie die Verdunstung, Wärmeabgabe, Albedo und CO_2-Aufnahme verändert.

Diese Übersicht veranschaulicht, wie komplex die Wechselbeziehungen zu unserer Umwelt sind, die für eine Langzeitvorhersage über das Ausmaß anthropogener Effekte berücksichtigt werden müssen. Eine Reduktion der Ozon-Schichtdicke ist sicher im Hinblick auf intensivere UV-Strahlungsflüsse, denen wir dann ausgesetzt wären, unerwünscht. Gravierender könnte sich aber die Veränderung des thermischen Budgets auswirken, wenn die Ozon-Verminderung in der oberen Stratosphäre in Verbindung mit der Ozon-Zunahme in der Tropopausenregion und in der Troposphäre zu einer Beeinflussung der atmosphärischen Zirkulationssysteme und damit zu einer weltweiten Klimaänderung führen sollte. Niemand vermag heute abzuschätzen, wie sich diese Wechselbeziehung zwischen dem photochemischen System und der atmosphärischen Dynamik als Folge menschlicher Aktivitäten langfristig entwickeln wird.

Wir erkennen heute, daß unsere Umwelt überall Grenzen ihrer Belastbarkeit zeigt. Das gilt für die Gewässer, die Flüsse, Seen und Meere, die wir durch Einleiten menschlicher und industrieller Abfallstoffe schädigen. Das gilt gleichermaßen für die Atmosphäre, für die Beispiele der Belastung durch den Menschen in diesem Buch diskutiert sind. Weder der Ozean noch die Atmosphäre sind unendlich große Systeme, in die wir unsere Abfallprodukte unbegrenzt ablassen dürfen, wenn es nicht zu unerwünschten oder gar schädlichen Folgeeffekten kommen soll. Am Beispiel des Komplexes Smog/Saurer Regen sehen wir, daß wir die Grenzen der Umwelt-Belastbarkeit weit überschritten und damit Folgeeffekte wie das Waldsterben ausgelöst haben.

Hier ist es das Gebot der Stunde, die Schadstoffemission, insbesondere den Ausstoß von Schwefeldioxid, Stickoxiden, Kohlenmonoxid und Kohlenwasserstoffen drastisch zu reduzieren. Dieses erfordert hohe finanzielle Aufwendungen, die wir erbringen müssen, wenn wir nicht Schäden in Kauf nehmen wollen, deren Reparatur noch teurer oder gar unmöglich ist. Hier ist ein Umdenken auf breiter Basis notwendig: Die Abfallbeseitigung ist nicht zum Nulltarif zu haben. Wir müssen uns daran gewöhnen, daß es hoher Investitionen und Folgekostenaufwendungen bedarf, um zu verhindern, daß unerwünscht große Schadstoffmengen in die Luft oder in die Gewässer gelangen. In diesem Zusammenhang sei an die Entwicklung der Kernenergietechnik erinnert: Über viele Jahre wurden Milliardenbeträge in die Entwicklung der verschiedenen Reaktortypen und Techniken investiert, ohne daß den Problemen der Entsorgung ausgebrannter Reaktorbrennelemente die notwendige Aufmerksamkeit zuteil wurde.

Der schwere Reaktorunfall bei Tschernobyl in der Ukraine hat darüberhinaus gezeigt, daß auch die Reaktorsicherheit, zumindest in einigen Ländern, nicht ausreichend gewährleistet ist. Aber auch in der Bundesrepublik, wo angeblich der höchste Sicherheitsstandard für Kernkraftwerke besteht, wurden durch Tschernobyl schlimme Versäumnisse und Fehler offenbar: Es gab kein richtig funktionierendes Meßnetz zur laufenden Überwachung der Radioaktivität, es herrschte totale Verwirrung der Behörden, von der Kreisebene bis hinauf zu den Landes- und Bundesbehörden, und die Meldungen in Presse, Rundfunk und Fernsehen rundeten das Bild des totalen Chaos ab. Nicht auszudenken, was passiert wäre, wenn es zu einem ähnlichen Unfall in Würgassen oder in einem der vierzig französischen Kernkraftwerke gekommen wäre! Ein solcher Unfall ist auch unter den höchsten Sicherheitsvorkehrungen nicht vollständig auszuschließen.

Es wäre dennoch falsch, jetzt aus der Kernenergie auszusteigen, solange keine alternativen sauberen Energiequellen erschlossen sind. Kernkraftgegner sollten trotz aller Probleme, die bezüglich der Entsorgung immer noch bestehen, wirklich bedenken, daß es sich hier um eine saubere Form der Stromerzeugung handelt, bei der weder CO_2 noch SO_2 oder Stickoxide in die Atmosphäre gelangen. In den alten Bundesländern arbeiten zur Zeit 20 Kernkraftwerke, die etwa ein Drittel der Stromerzeugung bestreiten. Würden die Stromunternehmen ihre ausgedienten Kohlekraftwerke wieder anschalten müssen und auf Hochdruck feuern, würde der Schadstoffausstoß, der jetzt schon viel zu hoch ist, wieder erheblich ansteigen. Die Franzosen decken mit 40 Kernkraftwerken sogar zwei Drittel ihres Elektrizitätsbedarfs. Eine Rückkehr zur Kohlefeuerung hätte hier schlimme Auswirkungen.

Wir sollten uns aber nicht noch tiefer in die Abhängigkeit von der Kernenergie verstricken, zumindest solange die anstehenden Sicherheits- und Entsorgungsprobleme nicht zufriedenstellend gelöst sind. Insbesondere muß verhindert werden, daß wir jetzt den nächsten Schritt tun und mit dem Betreiben des Schnellen Brüters in die Plutoniumwirtschaft eintreten, die noch gravierendere Sicherheits- und Entsorgungsprobleme mit sich bringt. Statt zusätzliche Kernkraftwerke zu bauen, sollten wir alle Voraussetzungen dafür schaffen, daß die bestehenden mit der größtmöglichen Sicherheit betrieben werden, solange sie noch benötigt werden. Wie bei den meisten Umweltproblemen ist es dabei auch hier unumgänglich, über Staatsgrenzen hinweg zu einem internationalen Sicherheitsverbund zu kommen.

Die Emission von Schwefeldioxid, Kohlenmonoxid, Kohlenwasserstoffen und Stickoxiden läßt sich durch Einsatz heute verfügbarer Techniken drastisch reduzieren. Das Gleiche gilt für halogenierte Kohlenwasserstoffe, deren Ablassen in die Atmosphäre weltweit bis auf geringe Restmengen vermieden werden kann und muß: Der Einsatz von FKW als Treibgas für Spraydosen ist bis auf ganz wenige Ausnahmen unnötig und einzustellen, im Kühlmittelbereich sollten geschlossene Kreisläufe ein Entweichen der FKW weitgehend verhindern. Dazu gehört, daß die Dichtheit durch geeignete Konstruktion, Wartung und Entsorgung der Aggregate mit Rezyklierung der eingesetzten FKW gewährleistet wird. Im Schäumbereich sollten FKW nur für solche Hartschäume zulässig sein, deren Wiederaufarbeitung garantiert ist, so daß die FKW rezykliert werden. Weichschäume sollten grundsätzlich nicht mehr mit FKW geschäumt werden. Schließlich sollte das Entweichen von FKW im Lösungsmittelsektor durch strikte Anwendung geschlossener Systeme schnellstens und effektiv heruntergefahren werden.

Wir sind schnell bei der Hand, eine Substanz, die als umweltschädlich identifiziert ist, durch eine andere zu ersetzen. So werden heute „umweltfreundliche" Spraydosen verkauft, welche als Treibgas statt FKW Propan, Butan oder Dimethylether verwenden. Tatsächlich greifen diese Substanzen die stratosphärische Ozonschicht nicht an, aber sie verstärken statt dessen die Smogreaktionen und damit die Bildung von Ozon und anderen Photooxidantien in der Troposphäre. Auch der unkontrollierte und unlimitierte Einsatz teilhalogenierter FKW wie CFC-22 ($CHClF_2$) anstelle der vollhalogenierten FKW, deren Ozonabbauwirkung nunmehr erwiesen ist, ist nicht akzeptabel. Gewiß, das Ozonabbaupotential von CFC-22 ist nur etwa 10 Prozent dessen von CFC-11 oder CFC-12, da ein Großteil dieser Substanz bereits in der Troposphäre abgebaut wird. Bei diesem Abbau entstehen aber Stoffe, welche den Säureeintrag vermehren. CFC-22 ist zudem ein äußerst wirksames Treibhausgas, und schließlich ist es auch bei einem niedrigen Ozonabbaupotential nur eine Frage der Zeit, wann wieder ein nicht mehr tolerierbarer Ozonabbau erreicht ist.

Angesichts der riesenhaften Mengen, die alljährlich emittiert werden, werden durch das Ausweichen auf Ersatzsubstanzen ohne gleichzeitige effektive Emissionsverminderung lediglich neue Umweltprobleme vorprogrammiert. Wir sollten hier wirklich zu einem Umdenken kommen und durch Sparsamkeit, geschlossene Kreisläufe, Abgasreinigungssysteme und andere technische Mittel dafür sorgen, daß Schadstoffe überhaupt nicht mehr bzw. höchstens in kleinen Mengen in die Umwelt entweichen können.

Neben den Anstrengungen, die wir für den direkten Umweltschutz leisten müssen, sollte die Entwicklung alternativer Energietechniken mit hoher Priorität vorangetrieben werden. Da das bei der Verbrennung fossiler Kohlenstoff-Vorräte entstehende CO_2 nicht am Entweichen in die Atmosphäre gehindert werden kann, müssen wir langfristig zu neuen Wegen einer umweltfreundlichen Energieerzeugung gelangen, um eine Klimakatastrophe zu verhindern. Darüberhinaus wäre es wichtig, mit den nichterneuerbaren Vorräten an Kohle, Öl und Erdgas sparsamer umzugehen, um auch den nachfolgenden Generationen etwas davon übrig zu lassen.

Hierzu müssen sämtliche Möglichkeiten zur Energieeinsparung auf breiter Basis erschlossen und genutzt werden. So ist zum Beispiel nicht zu verstehen, warum unsere Kraftfahrzeuge nicht mit sparsameren Motoren ausgerüstet werden, obwohl eine Reduktion des Kraftstoffverbrauches um mehr als 50 % mit heutiger Technik durchaus möglich ist. Nicht zu verstehen ist auch, warum die Abwärme vieler Kraftwerke immer noch an die Gewässer oder in die Luft abgegeben statt als Prozeßwärme oder zur Fernheizung von Gebäuden und Wohnungen benutzt wird. Die gesamte in alt-bundesdeutschen Kraftwerken anfallende Abwärme entspricht etwa dem Wärmebedarf aller 24 Millionen Wohnungen [169]. Hier könnte durch bessere Ausnutzung Primärenergie eingespart und Schadstoffemission entsprechend reduziert werden.

Alle diese Aufgaben erfordern hohe Investitions- und Betriebskosten, schaffen dadurch aber auch zusätzliche Arbeitsplätze. Sie erfordern darüberhinaus Ideen und Innovation, besonders aber ein Umdenken weiter Kreise der Bevölkerung und der Interessengruppen.

Abschließend sei ein Gedanke aufgegriffen, der in letzter Zeit gelegentlich in politischen Programmen auftaucht: die Umweltabgabe. Wir haben uns daran gewöhnt, die Umwelt zum Nulltarif zu benutzen, und tragen damit zu Umweltproblemen regionalen und globalen Ausmaßes bei. Wenn wir elektrischen Strom verbrauchen, Auto fahren, mit dem Flugzeug unterwegs sind oder hochwertige Konsumgüter benutzen, trägt dies zum Anwachsen des Treibhauseffektes, zur Reduktion der Rohstoffe oder zum Abbau der Ozonschicht bei. In keiner Preiskalkulation taucht der Aspekt solcher Umweltschäden auf, obwohl letztlich alle Menschen dafür bezahlen müssen. Im lokalen Bereich werden Umweltabgaben bereits gelegentlich praktiziert. So stellen vielerorts die kommunalen Wasserversorgungsunternehmen für jeden Kubikmeter verbrauchten Trinkwassers die Kosten für die Klärung der gleichen Menge Abwasser in Rechnung. Ähnliche Umweltabgaben müßten nach dem Verursacherprinzip sinngemäß auf die Preise für elektrischen Strom, Gas, Öl, Benzin sowohl alle Güter erhoben werden, deren Herstellung oder Betrieb die Umwelt belastet. Diese Maßnahme würde einerseits Initiativen zum Sparen fördern. Zum anderen könnte, falls sich hier die wichtigsten Industrienationen zu einer gemeinsamen Aktion zusammenfinden würden, ein Fonds geschaffen werden, mit dessen Hilfe sich vielleicht die Vernichtung tropischer Wälder aufhalten, großräumige Aufforstungsprogramme oder andere Umweltreparaturen finanzieren ließen. Hauptsächlich sollte ein solcher aus Umweltabgaben gespeister Fonds aber zur Förderung alternativer, umweltfreundlicher Formen der Energieerzeugung eingesetzt werden mit dem Ziel, die Verbrennung fossiler Energieträger so weit und schnell wie möglich zu reduzieren.

5 Literatur

1. Barbato, J. P. and E. A. Ayer: Atmospheres, 266 pp, Pergamon 1981
2. Lovelock, J. E. and L. Margulis: Atmospheric homeostasis by and for the biosphere: the gaia hypothesis. Tellus 26, 2–10, 1974
3. Chamberlain, J. W.: Theory of planetary atmospheres, Int. Geophys. Ser. Vol. 22, 330 pp, Academic Press 1978
4. Hoyle, F. and C. Wickramasinghe: Lifecloud, 189 pp, J. M. Dent Sons Ltd. London, Toronto, Melbourne, 1978
5. Walker, C. G.: Evolution of the atmosphere, 318 pp, Macmillan 1977
6. Alfvén, H. and G. Arrhenius: Evolution of the solar system, NASA SP-345, 599 pp, Washington, D.C., 1976
7. Palme, H., H. E. Suess und H. D. Zeh: Abundances of the elements in the solar system, In: Landolt-Börnstein Neue Serie VI, 2a, Springer-Verlag 1981
8. Urey, H. C.: The atmospheres of the planets. Handbuch der Physik 52, 363–418, Springer-Verlag 1952
9. Berkner, L. V. and L. C. Marshall: Limitation on oxygen concentration in a primitive planetary atmosphere. J. Atm. Sci. 23, 133–143, 1966
10. Calvin, M. and G. J. Calvin: Atom to Adam. Amer. Scientist 52, 163–186, 1964
11. Commoner, B.: Biochemical, biological and atmospheric evolution. Proc. U.S. Nat. Acad. Sci. 53, 1183–1194, 1965
12. Haldane, J. B. S.: Genesis of life. In: D. R. Bates, Ed., The planet Earth, Pergamon Press, New York, pp 325–341, 1964
13. Ponnamperuma, C. and N. W. Gabel: Current status of chemical studies on the origin of life. Space Life Sci. 1, 64–96, 1968
14. Miller, S. L. and L. E. Orgel: The origins of life on Earth. Prentice Hall, Englewood Cliffs, New Jersey, 1974
15. Stephenson, M.: Bacterial Metabolism. Longmans, Green and Co., London; MIT Press 1966, 3rd Edition
16. Sagan, C.: Ultraviolet selection pressure on the earliest organismens, J. Theoret. Biol. 39, 195–200, 1973
17. Li, Y. H.: Geochemical mass balance among lithosphere, hydrosphere and atmosphere. Amer. J. Sci. 272, 119–137, 1972
18. Schidlowski, M.: Probleme der atmosphärischen Evolution im Präkambrium. Geol. Rdsch. 60, 1351–1384, 1971
19. Pflug, H. D.: Yeast-like microfossils detected in oldest sediments of the Earth. Die Naturwissenschaften 65, 611–615, 1978
20. Awramik, S. M.: The pre-phanerozoic fossil record. In: Mineral deposits and the evolution of the biosphere (H. D. Holland, M. Schidlowski, Hrsg.), Dahlem Konferenzen 67–82, Springer-Verlag 1982

21. Miller, S. L.: Prebiotic synthesis of organic compounds. In: Mineral deposits and the evolution of the biosphere (H. D. Holland, M. Schidlowski, Hrsg.), Dahlem Konferenzen 155–176, Springer-Verlag 1982
22. Junge, C.: Die Entwicklung der Erdatmosphäre. Die Naturwissenschaften 68, 236–244, 1981
23. Ratner, M. I. and J. C. G. Walker: Atmospheric ozone and the history of life. J. Atmosp. Sci. 29, 803–808, 1972
24. Schidlowski, M.: Content and isotopic composition of reduced carbon in sediments. In: Mineral deposits and the evolution of the biosphere (H. D. Holland, M. Schidlowski, Hrsg.) Dahlem Konferenzen 103–122, Springer-Verlag 1982
25. Schidlowski, M. und H. Wendt: Kosmos, Erde und Mensch. Kindlers Enzyklopädie Der Mensch, Bd. I, 179, 1982
26. Lovelock, J. E. and J. P. Lodge: Oxygen in the contemporary atmosphere. Atmospheric environment, 6, 575–578, 1972
27. Trüper, H. G.: Microbial processes in the sulfur cycle through time. In: Mineral deposits and the evolution of the biosphere (H. D. Holland, M. Schidlowski, Hrsg.) Dahlem Konferenzen 5–30, Springer-Verlag 1982
28. Nealson, K. H.: Microbial oxidation and reduction of iron. In: Mineral deposits and the evolution of the biosphere (H. D. Holland, M Schidlowski, Hrsg.) Dahlem Konferenzen 51–66, Springer-Verlag 1982
29. Dütsch, H. U.: Vertical ozone distribution and troposphere ozone. Proc. NATO Adv. Study Inst. on Atmospheric Ozone, US Department of Transportation Report FAA-EE-80-20, 7, 1980
30. Newell, R. E.: Transfer through the tropopause and within the stratosphere. Quart. J. Roy. Met. Soc. 89, 167, 1963
31. Prior, D. E. and B. J. Oza: First comparison of simultaneous IRIS, BUV, and ground-based measurement of total ozone. Geophys. Res. Lett. 5, 547, 1978
32. Chapman, S.: A theory of upper atmospheric ozone. Mem. R. Soc. 3, 103, 1930
33. Bates, D. R. and M. Nicolet: The photochemistry of atmospheric water vapor. J. Geophys. Res. 55, 301, 1950
34. World Meterological Organization (WMO): The stratosphere 1981, theory and measurements. WMO Global Ozone Research and Monitoring Project, Report No 11, Genf 1982
35. Johnston, H. S.: Reduction of stratospheric ozone by nitrogen oxide catalysts from supersonic transport exhaust. Science 173, 517, 1971
36. Crutzen, P. J.: Ozone production rates in an oxygen, hydrogen-nitrogen oxide atmosphere. J. Geophys. Res. 76, 7311, 1971
37. Stolarski, R. S. and R. J. Cicerone: Stratospheric chlorine, a possible sink for ozone. Can. J. Chem. 52, 1610, 1974
38. Fabian, P., R. Borchers, G. Flentje, W. A. Matthews, W. Seiler, H. Giehl, K. Bunse, F. Müller, U. Schmidt, A. Volz, A. Khedim, F. J. Johnen: The vertical distribution of stable trace gases at midlatitudes. J. Geophys. Res. 86, 5179, 1981
39. Lal, S., R. Borchers, P. Fabian, B. C. Krüger: Increasing abundance of $CBrClF_2$ in the atmosphere. Nature 316, 135–136, 1985
40. Fabian, P.: Halogenated hydrocarbons in the atmosphere. The Handbook of Environmental Chemistry (O. Hutzinger, Hrsg.) Vol. 4, A 23–51. Springer-Verlag 1986
41. R. Wattenbach, Dissertation, Univ. Bonn 1983
42. Foley, H. M. and M. A. Ruderman: Stratospheric NO production from past nuclear explosions. J. Geophys. Res. 78, 4441, 1973

43. Molina, J.M. and F.S. Rowland: Stratospheric sink for chlorofluoromethanes: Chlorine atom catalysed detruction of ozone. Nature 249, 810, 1974
44. McElroy, M.B.: Evolution of Planetary Atmospheres. IUGG XVI General Assembly Grenoble 1975
45. Fabian, P., J.A. Pyle, R.J. Wells: Diurnal variations of minor constituents in the stratosphere modeled as a function of latitude and season. J. Geophys. Res. 87, 4981, 1982
46. Frederick, J.E. and J.E. Mentall: Solar irradiance in the stratosphere: implications for the Herzberg continuum absorption of O_2. Geophys. Res. Lett. 9, 461, 1982
47. Froidevaux, L. and Y.L. Yung: Radiation and chemistry in the stratosphere: sensitivity to O_2 absorption cross sections in the Herzberg continuum. Geophys. Res. Lett. 9, 461, 1982
48. WMO: Atmospheric Ozone 1985. Report No. 16 I–III, NASA-FAA-NOAA-UNEP-WMO-CEC-BMFT, Washington, D.C. 1986
49. Thorne, R.M.: The importance of energetic particle precipitation on the chemical composition of the middle atmosphere. Pure Appl. Geophys. 118, 128, 1980
50. Crutzen, P.J. and S. Solomon: Response of mesospheric ozone to particle precipitation. Planet. Space Sci. 28, 1147, 1980
51. Heath, D.F., A.J. Krueger and P.J. Crutzen: Solar proton event: influence on stratospheric ozone. Science 197, 886, 1977
52. Fabian, P., J.A. Pyle and R.J. Wells: The August 1972 solar proton event and the atmospheric ozone layer. Nature 277, 458, 1979
53. Angell, J.K. and J. Korshover: Quasi-biennial and longterm fluctuations in total ozone. Monthly Weather Rev. 101, 426, 1973
54. Paetzold, H.K., F. Piscalar, H. Zschörner: Secular variation of the stratospheric ozone layer over middle Europe during the solar cycles from 1951 to 1972. Nature Phys. Sci. 140, 106, 1972
55. Penner, J.E. and J.E. Chang: The relation between atmospheric trace species variabilities and solar UV variabilities. J. Geophys. Res. 85, 5523, 1980
56. Whitten, R.C., J. Cuzzi, W.J. Borucki, and J.H. Wolfe: Effect of nearby supernova explosion on atmospheric ozone. Nature 263, 398, 1976
57. Ruderman, M.A.: Possible consequences of nearby supernova explosions for atmospheric ozone and terrestrial life. Science 184, 1079, 1974
58. Hunt, G.E.: Possible climatic and biological impact of nearby supernova. Nature 271, 430, 1978
59. Reid, G.C., I.S.A. Isaksen, T.E. Holzer, P.J. Crutzen: Influence of ancient solarproton events on the evolution of life. Nature 259, 177, 1976
60. Chameides, W.L. and D.D. Davis: Chemistry in the troposphere. Chemical & Engineering News 60-40, 39, 1982
61. Logan, J.A., M.J. Prather, S.C. Wofsy and M.B. McElroy: Tropospheric chemistry: a global perspective. J Geophys. Res. 86, 7210, 1981
62. McElroy, M.B.: Sources and sinks for nitrous oxide. Prod. NATO Adv. Study Inst. on Atmospheric Ozone Report No FAA-EE-80-20, 345, 1980 (US Department of Transportation)
63. NASA: The stratospheric present and future. NASA Reference Publication 1049, 1979
64. Ehhalt, D.H.: Der atmosphärische Kreislauf von Methan. Die Naturwissenschaften 66, 307, 1979
65. Zimmermann, P.R., J.P. Greenberg, S.O. Wandiga, P.J. Crutzen: Termites: A potentially large source of atmospheric methane, carbon dioxide, and molecular hydrogen. Science 218, 563, 1982

66. Blake, D. R., F. S. Rowland: World-wide increase in tropospheric methan, 1978–1983. J. Atm. Chem. 4, 43, 1986
67. Schmidt, U., G. Kulessa, E. P. Röth: The atmospheric H_2 cycle. Proc. NATO Adv. Study Inst. on Atmospheric Ozone, Rep. No FAA-EE-80-20, 307, 1980
68. Fabian, P. and P. G. Pruchniewicz: Meridonal distribution of ozone in the troposphere and its seasonal variations. J. Geophys. Res. 82, 2063, 1977
69. Danielson, E. F.: Stratospheric-tropospheric exchange based on radioactivity, ozone and potential vorticity. J. Atmos. Sci. 25, 502, 1968
70. Fabian, P.: Tropospheric ozone: Injection from the stratosphere versus photochemistry. Proc. Intern. Ozone Symp. Dresden, 1977
71. Chameides W. and J. C. G. Walker: A photochemical theory of tropospheric ozone. J. Geophys. Res. 78, 8751, 1973
72. Warneck, P.: Chemistry of the natural atmosphere. Int. Geophys. Series, 4, Academic Press, Inc., San Diego, New York, Boston, 1988
73. Campbell, I. M.: Energy and the atmosphere. Wiley & Sons, London, 1977
74. Leighton, P. A.: The photochemistry of air pollution. Academic Press, New York, 1961
75. Hoggan, M., A. Davidson, D. C. Shikiya, W. Lau: Air quality trends in California's south coast air basin 1965–1981. South Coast Air Quality Management District, El Monte, California, Report 1982
76. Becker, K. H., W. Fricke, J. Löbel, U. Schurath: Formation, transport and control of photochemical oxidants. In: Air Pollution by photochemical oxidants (R. Guderian, Hrsg.), 1–125, Springer-Verlag 1985
77. Lahmann, E.: Ozon in städtischer Luft. Umschau 21, 693–694, 1969
78. Fett, W.: Zum Nachweis des Stadteinflusses auf den Ozongehalt der Luft mittels Windrichtungsabhängigkeit. Schr. Reihe Ver. Wass.-Boden-Lufthyg., Berlin-Dahlem, H. 33, 117–128, Stuttgart 1970
79. Guicherit, R.: Photochemical smog formation in the Netherlands. Congr. NO 00320, IG-TNO Publ. No. 459, 1973
80. Becker, K. H., U. Schurath, H. W. Georgii, M. Deimel: Untersuchungen über Smogbildung, insbesondere über die Ausbildung von Oxidantien als Folge der Luftverunreinigung in der Bundesrepublik Deutschland. Forschgsber. 79-10402502/03/04 Umweltbundesamt Berlin 1979
81. Penkett, S. A., F. J. Sandalls, J. E. Lovelock: Observations of peroxyacetyl nitrate (PAN) in the air of southern England. Atmos. Environ. 9, 139–141, 1975
82. Grennfelt, P., U. Samuelson, T. Nielsen, E. L. Thomsen: The presence of PAN in long-range transported polluted air masses. In: Proc. 2nd Eur. Symp. on Phys. Chem. Behav. Atmos. Pollut. (B. Versiono, H. Ott, Hrsg.), 619–624, Reidel, Dordrecht, 1982
83. Tsalkani, N., P. Perros, G. Toupance: High PAN concentrations during nonsummer periods: A study of two episodes in Creteil (Paris), France. J. Atmosph. Chem. 5, 291, 1987
84. Rappenglück, B.: Peroxyacetylnitrat (PAN) – und Ozonmessungen in München. Diplomarbeit, Ludwig-Maximilians-Universität München, 1990
85. Umweltinstitut des Landes Vorarlberg
86. Umweltinstitut des Kantons Winterthur
87. Hartmannsgruber, R., W. Attmannspacher, H. Claude: Opposite behaviour of the ozone amount in the troposphere and lower stratosphere based on ozone measurements at the Hohenpeissenberg observatory, 1967–1983. In: Atmospheric ozone (C. S. Zerefos, A. Ghazi, Hrsg.) 770–774, D. Reidel, Dordrecht, 1985

88. Feister, U.: Long-term surface ozone increase at Arkona. In: Atmospheric ozone (C. S. Zerefos, A. Ghazi, Hrsg.) 782–787, D. Reidel, Dordrecht, 1985

89. Wege, K., H. Claude, R. Hartmannsgruber: Several results from 20 years of Ozone observations at Hohenpeissenberg. Ozone in the atmosphere (R. D. Bojkov, P. Fabian, Hrsg.) 109, A. Deepak Publishing, Hampton, Virginia 1989

90. Levine, J. S.: Burning trees and bridges. Nature 346, 511, 1990

91. Crutzen, P. J.: The role of the tropics in atmospheric chemistry. In: The Geophysiology of Amazonia (R. E. Dickinson, Hrsg.), 107, Wiley, New York 1987

92. Kirchhoff, V. W. J. H., R. A. Rasmussen: Time variations of CO and O_3 concentrations in a region subject to biomass burning. J. Geophys. Res. 95, 7521, 1990

93. Transactions, American Geophysical Union, 71 No. 37 (Sept. II, 1990), Titelphoto, AGU, Washington, D.C. 1990

94. Galloway, J. N., G. E. Likens, W. C. Keene, J. M. Miller: The composition of precipitation in remote areas of the world. J. Geophys. Res. 87, 8771, 1982

95. Harrison, H., R. J. Charlson, G. D. Christian, N. Horike, E. J. Knudson, T. V. Larson, H. Riley, R. Vanderwort, R. Weiss: Acid rain in Pudget Sound. Precipitation Scavenging (1974), Technical Information Center, ERDA, US Department of Commerce, 602, 1977

96. Andersson, F. and H. Rohde: Stockholm Acid Rain Conference, conclusions of the expert meetings. Ambio II, 369, 1982

97. Likens, G. E., J. S. Eaton, J. N. Galloway: Precipitation as a source of nutrients for terrestrial and aquatic ecosystems. Precipitation Scavenging (1974), Technical Information Center, ERDA, US Department of Commerce, 552, 1977

98. Galloway, J. N., G. E. Likens, W. C. Keene, J. M. Miller: The composition of precipitation in remote areas of the world. J. Geophys. Res. 87, 8771, 1982

99. Parungo, F., C. Nagamoto, I. Nolt, M. Dias, E. Nickerson: Chemical analysis of cloud water collected over Hawaii. J. Geophys. Res. 87, 8805, 1982

100. Brimblecombe, P., D. H. Stedman: Historical evidence for a dramatic increase in the nitrate component of acid rain. Nature 298, 460, 1982

101. Beilke, S., D. Lamb, J. Müller: Heterogeneous oxidation of SO_2 in relation to atmospheric scavenging. Precipitation Scavenging (1974), Technical Information Center, ERDA, US Department of Commerce, 137, 1977

102. Rat der Sachverständigen für Umweltfragen: Waldschäden und Luftverunreinigungen. Sondergutachten 1983, Kohlhammer Stuttgart und Mainz, 1983

103. Wentzel, K. F.: Die Luftverschmutzung – seit über 100 Jahren eine Gefahr für die Bäume. Bild der Wissenschaft, 19-12, 103, 1982

104. Bormann, F. H.: The New England Landscape: air pollution stress and energy policy. Ambio 11, 188, 1982. The effect of air pollution on the New England land scape, Ambio 11, 338, 1982

105. Ulrich, B., J. Pankrath (Hrsg.): Effects of accumulation of air pollutants in forest ecosystems. D. Reidel, Dordrecht 1983

106. Prenzel, J.: A mechanism for storage and retrieval of acid in acid soils. In [105], 157–170, 1983

107. Ulrich, B.: Die Versauerung – Giftstoffe reichern sich an. Bild der Wissenschaft, 19-12, 108, 1982

108. Ulrich, B.: Soil acidity and its relations to acid deposition. In [105], 127–146, 1983

109. Abrahamsen, G.: Sulphur pollution: Ca, Mg and Al in soil and soilwater and possible effects on forest trees. In [105], 207–218, 1983

110. Ulrich, B.: A concept of forest ecosystem stability and of acid deposition as driving force of destabilization. In [105], 1–29, 1983

111. Schütt, P.: Das Krankheitsbild – verschiedene Baumarten, gleiche Symptome. Bild der Wissenschaft, 19-12, 86, 1982

112. Bundesministerium für Ernährung, Landwirtschaft und Forsten: Waldschadenserhebung 1985, Bonn 1985

113. Bundesministerium für Ernährung, Landwirtschaft und Forsten: Bericht über den Zustand des Waldes 1991. Landwirtschaftsverlag Münster-Hiltrup, 1992

114. Bilanzbericht des staatlichen französischen Forstamtes ONF für 1985. Frankfurter Allgemeine vom 11.1.1986

115. Guratzsch, D. (Hrsg.): Baumlos in die Zukunft? Kindler Verlag 1984

116. Bossel, H., W. Metzler, H. Schäfer (Hrsg.): Dynamik des Waldsterbens. Fachberichte Simulation Bd. 4, Springer-Verlag 1985

117. Proceedings des 2. Statusseminars der PBWU zum Forschungsschwerpunkt „Waldschäden". GSF – Bericht 26/91, GSF Forschungszentrum für Umwelt und Gesundheit, Neu-Herberg (München) 1991

118. Guderian, R., D.T. Tingey, R. Rabe: Effects of Photochemical oxidants on plants. In: Air pollution by photochemical oxidants (R. Guderian, Hrsg.) 129–133, Springer Verlag 1985

119. Schneider, T. and L. Grant (Hrsg.): Air pollution by nitrogen oxides, Elsevier, Amsterdam 1982

120. Perseke, C., S. Beilke, H.-W. Georgii: Die Gesamtschwefeldeposition in der Bundesrepublik Deutschland auf der Grundlage von Meßdaten des Jahres 1974. Berichte d. Inst. für Meteorologie und Geophysik der Universität Frankfurt/Main, Nr. 40, 1980

121. Schumann, U. (Hrsg.): Air traffic and the environment-background, tendencies and potential global atmospheric effects. Lecture notes on engineering, DLR 60. Springer-Verlag, Berlin, 1990

122. Bekki, S., R. Toumi, J.A. Pyle, A.E. Jones: Future aircraft and global ozone. Nature 354, 193, 1991

123. Weisenstein, D.K., M.K.W. Ko, J.M. Rodriguez, N.-D. Sze: Impact of heterogeneous chemistry on model – calculated ozone change due to high speed civil transport aircraft. Geophys. Res. Lett. 18, 1991, 1991
Beck, J.P., C.E. Reeves, F.A.A.M. de Leeuw, S.A. Penkett: The effect of aircraft emissions on tropospheric ozone in the northern hemisphere. Atm. Environ 26A, 17, 1992

124. Johnston, H.S., G. Whitten und J. Birks: Effect of nuclear explosions on stratospheric nitric oxide and ozone. J. Geophys. Res. 78, 6107, 1973

125. Crutzen, P.J. and W. Birks: The atmosphere a nuclear war: twilight at noon. Ambio 11, 114, 1982

126. Turco, R.P., O.B. Toon, T.P. Ackerman, J.B. Pollack, C. Sagan: Nuclear winter: Global consequences of multiple nuclear explosions. Science 222, 1283, 1983

127. US National Research Council: The effects on the atmosphere of a major nuclear exchange. National Academy Press, Washington, D.C. 1985

128. Wofsy, S.C., M.B. McElroy, N.D. Sze: Freon consumption: Implications for atmospheric ozone. Science 187, 535, 1975

129. Chemical Manufacturers Association (CMA): Annual report on production and release of chlorofluorocarbons. Upper Atmosphere Programs Bulletin, 81-3, 1, 1981, NASA-DOT, Washington, D.C.

130. Deutscher Bundestag, Enquete-Kommission „Vorsorge zum Schutz der Erdatmosphäre": Zur Sache, Zwischenbericht 5/88, Bonn 1988

131. Stolarski, R. S., P. Bloomfield, R. D. McPeters, J. R. Herman: total ozone trends deduced from NIMBUS 7 TOMS data. Geophys. Res. Lett. 18, 1015, 1991
132. Rasmussen, R. A., M. A. K. Khalil: Global atmospheric distribution and trend of methylchloroform (CH_3CCl_3). Geophys. Res. Lett. 8, 1005, 1981
133. Prather, M. J. R. T. Watson: Stratospheric Ozone depletion and future levels of atmospheric chlorine and bromine. Nature 344, 729, 1990
134. Angell, J.: Variations and trends in tropospheric and stratospheric global temperatures 1958–87. J. Clim. I, 1296, 1988
135. Labitzke, K., B. Naujokat, J. K. Angell: Long-term temperature trends in the middle stratosphere of the Northern Hemisphere. Adv. Space Res. 6, 7, 1986. Siehe auch Labitzke K. H. van Loon: J. Clim. 2, 1223, 1989
136. Chubachi, S.: A special ozone observation at Syowa Station, Antarctica from February 1982 to January 1983. Atmospheric Ozone (C. S. Zerefos, A. Ghazi, Hrsg.) 285, Verlag D. Reidel, Dordrecht 1985
137. Farman, J. C., B. G. Gardiner, J. D. Shanklin: Large losses of total ozone in Antarctica reveal seasonal ClO_x/NO_x interaction. Nature 315, 207, 1985
138. Stolarski, R. S., A. J. Krueger, M. R. Schoeberl, R. D. McPeters, P. A. Newman, J. C. Alpart: NIMBUS 7 SBUV/TOMS measurements of the springtime antarctic ozone hole. Nature 322, 808–814, 1986
139. Hofmann, D., J. W. Harder, S. R. Rolf, J. M. Rosen: Nature 326, 59, 1987
140. Fabian, P.: Antarktisches Ozonloch: Indizien weisen auf Umweltverschmutzung. Phys. Blätter 44, 2, 1988
141. Prather, M. J.: More rapid polar ozone depletion through the reaction of HOCl with HCl on polar stratospheric clouds. Nature 355, 534, 1992
142. McCormick, M. P., H. M. Steele, P. Hamill, W. P. Chu, T. J. Swissler: Polar stratospheric cloud sightings by SAM II. J. Atmos. Sci. 35, 1387, 1982
143. Hamill, P., O. B. Toon: Polar stratospheric clouds and the ozone hole. Physics Today, 12-1991, 34, 1991
144. Toon, O. B., P. Hamill, R. P. Turco, J. Pinto: Condensation of HNO_3 and HCl in the winter polar stratospheres. Geophys. Res. Lett. 13, 1284, 1986
145. Crutzen, P. J., F. Arnold: Nitric acid cloud formation in the cold Antarctic stratosphere: a major cause for the springtime ozone hole. Nature 324, 651, 1986
146. Atkinson, R. J., W. A. Matthews, P. A. Newman, R. A. Plumb: Evidence of the mid-latitude impact of Antarctic Ozone depletion. Nature 340, 290, 1989
147. Roy, C. R., H. P. Gies, G. Elliott. Nature 347, 235, 1990
148. Krüger, B. C.: Observations of polar stratospheric clouds in the Arctic winter 1989 at 79° N. Geophys. Res. Lett. 17, 365, 1990
149. Hofmann, D. J., T. Deshler: Balloonborne measurements of polar stratospheric clouds and ozone at $-93\,°C$ in the Arctic in February 1990. Geophys. Res. Lett. 17, 2185, 1990
150. Arnold, F.: Ozonstörung in der arktischen Stratosphäre. Physik in unserer Zeit 21, 175, 1990
151. American Geophysical Union, Geophysical Research Letters 17-4 (Sonderheft), March 1990 Supplement, 1990
152. Pitari, G., G. Visconti, V. Rizi: Sensitivity of stratospheric ozone to heterogeneous chemistry on sulfate aerosols. Geophys. Res. Lett. 18, 833, 1991
153. Pitari, G., G. Visconti: Odd nitrogen removal on background sulfate aerosols: implications for the ozone hole. Geophys. Res. Lett. 18, 1853, 1991
154. Rodriguez, J. M., M. K. W. Ko, N. D. Sze: Role of heterogeneous conversion of N_2O_5 on sulphate aerosols in global ozone losses. Nature 352, 134, 1991

155. Hofmann, D. J., S. Solomon: Ozone destruction through heterogeneous chemistry following the eruption of El Chichon. J. Geophys. Res. 94, 5029, 1989
156. Bacastow, R. B., C. D. Keeling, R. P. Whorf: Seasonal amplitude increase in atmospheric CO_2 concentration at Mauna Loa, Hawaii, 1959–1982, J. Geophys. Res. 90, 10529, 1985
157. Neftel, A., E. Moor, H. Oeschger, B. Stauffer: Evidence from polar ice cores for the increase in atmospheric CO_2 in the past two centuries. Nature 315, 45, 1985
158. Keeling, C. D.: The ocean and biosphere as future sinks for fossil fuel carbon dioxide. Interactions of energy and climate, D. Reidel, Dordrecht, 129, 1980
159. Ramanathan, V., M. S. Lian, R. D. Cess: Increased atmospheric CO_2: Zonal and seasonal estimates of the effect on the radiation energy balance and surface temperature, J. Geophys. Res. 84, 4949, 1979
160. Schönwiese, C.-D.: Multivariate statistical assessments of greenhouse-gas-induced climatic change and comparison with results from general circulation models. Greenhouse-gas induced climatic change: a critical appraisal of simulations and observations (M. E. Schlesinger, Hrsg.), 483, Elsevier, Amsterdam 1991
161. Revelle, R.: Carbon dioxide and World climate. Scientific American 247, 35, 1982
162. Bach, W., A. J. Crane, A. K. Berger, A. Longhetto (Hrsg.): Carbon Dioxide, current views and developments in energy/climatic research. D. Reidel, Dordrecht 1983
163. Graßl, H.: Anthropogene Beeinflussung des Klimas. Phys. Blätter 45, 199, 1989
164. Graßl, H., R. Klingholz: Wir Klimamacher – Auswege aus dem globalen Treibhaus. S. Fischer-Verlag, Frankfurt/M. 1990
165. Zander, R., G. Roland and L. Delbouille: Confirming the presence of hydrofluoric acid in the upper stratosphere. Geophys. Res. Lett. 4, 117, 1977
166. Sze, N. D.: Stratospheric fluorine: a comparison between theory and measurements. Geophys. Res. Lett. 5, 781, 1978
167. Manabe, S. and R. T. Wetherald: On the distribution of climatic change resulting from an increase in CO_2 content of the atmosphere. J. Atm. Sci. 37, 99, 1980
168. Labitzke, K., G. Brasseur, B. Naujokat, A. DeRudder: Long-term temperature trends in the stratosphere: possible influence of anthropogenic gases. Geophys. Res. Lett. 13, 52, 1986
169. Bach, W.: Gefahr für unser Klima. Wege aus der CO_2-Bedrohung durch sinnvollen Energieeinsatz, Verlag C. F. Müller, Karlsruhe 1982

6 Sachverzeichnis

Springer-Verlag und Umwelt

Als internationaler wissenschaftlicher Verlag sind wir uns unserer besonderen Verpflichtung der Umwelt gegenüber bewußt und beziehen umweltorientierte Grundsätze in Unternehmensentscheidungen mit ein.

Von unseren Geschäftspartnern (Druckereien, Papierfabriken, Verpackungsherstellern usw.) verlangen wir, daß sie sowohl beim Herstellungsprozeß selbst als auch beim Einsatz der zur Verwendung kommenden Materialien ökologische Gesichtspunkte berücksichtigen.

Das für dieses Buch verwendete Papier ist aus chlorfrei bzw. chlorarm hergestelltem Zellstoff gefertigt und im ph-Wert neutral.